U0241282

高等职业教育自动化类专业精品教材

电梯控制原理与调试技术

郭宝忠　沈华·编著

中国轻工业出版社

图书在版编目（CIP）数据

电梯控制原理与调试技术/郭宝忠，沈华编著.
—北京：中国轻工业出版社，2023.7
高等职业院校规划系列教材
ISBN 978 - 7 - 5184 - 0815 - 3

Ⅰ.①电… Ⅱ.①郭… ②沈… Ⅲ.①电梯－电气控
制－高等职业教育－教材 Ⅳ.①TU857

中国版本图书馆 CIP 数据核字（2015）第 310818 号

内 容 简 介

本书从介绍电梯电气基础知识、常用的电气元件开始，讲解电梯电气原理控制系统，电
梯拖动系统及特点以及以苏州德奥电梯 DVF 系列控制系统为例，介绍电梯调试技术和电梯常
见故障及相应的对策。本书以电梯电气原理和调试技术为主线，由浅入深，全面系统地介绍
了电梯电气原理和实际应用，以实用为原则，从电气理论知识到电梯实际应用，系统进行讲
解，本书具有较强的可读性和实用性。

本书可作为高等职业院校自动化类专业教材，还可作为电梯电气技术人员、安装调试人
员、电梯维修保养人员的学习参考书。

责任编辑：王　淳　　责任终审：孟寿萱
文字编辑：宋　博　　责任校对：晋　洁　　封面设计：锋尚设计
策划编辑：王　淳　　版式设计：宋振全　　责任监印：张京华

出版发行：中国轻工业出版社（北京东长安街 6 号，邮编：100740）
印　　刷：三河市万龙印装有限公司
经　　销：各地新华书店
版　　次：2023 年 7 月第 1 版第 6 次印刷
开　　本：710×1000　1/16　印张：14
字　　数：275 千字
书　　号：ISBN 978 - 7 - 5184 - 0815 - 3　定价：42.00 元
邮购电话：010 - 65241695
发行电话：010 - 85119835　传真：85113293
网　　址：http://www.chlip.com.cn
Email：club@chlip.com.cn
如发现图书残缺请与我社邮购联系调换
230960J2C106ZBW

前　　言

随着我国国民经济的快速发展,电梯生产和使用数量日益增长,电梯已经成为城市楼宇中的重要交通工具,为人们的出行提供了方便和快捷,同时对电梯安全舒适的运行也提出了更高的要求。电梯产品的高可靠性和高性能离不开科学技术,随着科技的快速发展,电梯的信号控制系统由继电器控制发展到 PLC 控制到现在微机控制,电梯拖动系统由交流双速系统控制到交流调速系统控制到现在 VVVF系统控制,先进的控制系统给电梯的安全舒适运行提供了有力保障。与此同时,对电梯安装调试人员也提出了更高的要求,所以加强对安装调试人员新知识和新技术的培训以及培养合格的调试技术人员显得尤为重要。

《电梯控制原理与调试技术》一书的编写,旨在电梯电气调试人员能更好地全面了解和掌握电梯控制原理和调试技术。全书共分六章。第一章为电梯电气基础知识,根据电梯控制系统所涉及的电气理论基础知识进行针对性介绍讲解,使读者能够掌握必要的基础知识,为后面章节学习奠定基础。第二章为微型计算机基础知识,介绍了微型计算机系统组成和系统结构以及微型计算机在电梯中的应用,实现电梯控制功能等。第三章为电梯电气及控制系统,讲解了电梯供电系统、电梯电气安全装置、电梯电气控制系统主要装置、电梯系统基本电路和电梯电气系统常用元件等。第四章为电梯电力拖动系统,讲解了电梯电力拖动系统的特点,交流变极调速系统,交流调压调速系统,交流变频变压调速系统和直流拖动系统。第五章为电梯调试技术,以苏州德奥电梯公司的 DVF 系列电梯控制系统为例进行讲解,从电梯调试前的检查逐步到慢车调试到最后快车调试结束,全面系统地讲解了调试的全过程,使读者对电梯电气调试有深刻了解。第六章为故障诊断及对策,针对苏州德奥电梯公司的 DVF 系列电梯控制系统列出了常见的故障信息代码和相应的处理方法。

全书以实用为原则进行编写,兼顾不同知识层面读者,从电气理论基础知识到电梯实际应用,由理论到实践进行讲解,使读者能够深入了解电梯控制原理与调试技术。本书具有较强的可读性和实用性,不仅可以作为高职院校电梯电气专业教材,而且还可以作为电梯电气安装调试人员、电梯维修保养人员的学习参考书。

本书由苏州德奥电梯有限公司郭宝忠、沈华编著,苏州信息职业技术学院徐兵和苏州德奥电梯有限公司熊言福为本书的编写提供了支持,苏州信息职业技术学院戴茂良、钱伟红和苏州德奥电梯有限公司王应、葛晓东、于丽勇、丁卫江、周二波、朱金萍、姜盼、宋艾峰等专业老师和工程师对本书的编写提出了许多宝贵意见,在此深表谢意。

由于本书是以苏州德奥电梯公司 DVF 系列电梯控制系统为例进行介绍的,在专业的阐述上会有一定的局限性,加之编者的水平有限,书中难免会有不足之处,敬请读者批评指正。

编著者

目　录

第一章　电梯电气基础知识

第一节　电梯电工学基础知识

一、电路

电路就是电流通过的路径。简单的电路由电源、用电器(负载)、开关和连接导线组成，如图 1-1 所示。

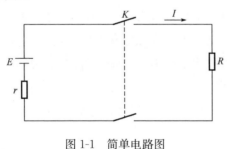

图 1-1　简单电路图

二、电路三种工作状态

1. 通路

负载正常工作状态叫通路。电流由电源正极流出，经开关、负载回到电源负极。

2. 断路(开路)

电路某处断开，电流消失，负载停止工作，这种状态叫断路(开路)。

3. 短路

电源两端或正负极不经负载直接相连的状态叫短路。短路电流很大，能使导线发热，严重时能烧毁电源甚至造成火灾。

三、电流

导体里的自由电子在电场力的作用下有规律地向一个方向移动形成电流。如果电流的大小和方向不随时间变化，就称为直流电。习惯上规定正电荷移动的方向为电流的方向，但实际上在金属导体中，电流的方向和自由电子的移动方向是相反的。

电流用符号 I 表示，单位用 A(安培)，表示每秒钟通过导体横截面的电量。

电流单位还有 mA(毫安)，μA(微安)。

换算：1A＝1000mA；

1mA＝1000μA。

四、电位、电压

电位能：电路某点上所具有的能量称为该点的电位能。

电位：电位能与该电荷的比值称为该点的电位。

任意两点电位的差称为电位差。习惯上称之为电压，用符号 U 表示，单位用 V(伏)表示。

电压单位还有 kV(千伏)，mV(毫伏)，μV(微伏)。

换算：1kV＝1000V

1V＝1000mV

1mV＝1000μV

五、电阻

电子在物体内流动所遇到的阻力就叫电阻。

电阻用符号 R 表示，单位用符号 Ω(欧)表示。

电阻单位还有 kΩ(千欧)，MΩ(兆欧)。

换算：1MΩ＝1000kΩ

1kΩ＝1000Ω

导体：容易导电的物体称为导体。如：金、银、铜、铁、锡等金属及石墨、碳等非金属中的原子核对电子的吸引力小，电子容易移动，因而对电流所产生的阻力较小。

绝缘体：电流很难通过的物体。如橡皮、玻璃、云母、陶瓷、电木等物质中原子核对电子的吸引力很大，电子不容易移动，对电流的阻力很大。

半导体：导电性能介于导体与绝缘体之间的物体，如硅、锗等。

电阻率：电阻率是用来表示各种物质电阻特性的物理量。某种材料制成的长1m、横截面积是 $1mm^2$ 的在常温下（20℃时）导线的电阻，叫作这种材料的电阻率。电阻率用符号 ρ 表示，电阻率的单位是欧姆·米（Ω·m）或欧姆·毫米（Ω·mm）。

表1-1　　　　　　　　　　常用材料的电阻率(20℃)

材料	电阻率
银	0.016
铜	0.0172

不同的材料的电阻率是不同的，常用导体的电阻率如表1-1所示。相同的材料做成的导线，直径越大电阻就越小，反之则越大。电阻的大小还与温度有关，温度升高导线电阻增大。

六、电路的连接

电路连接的基本形式有串联、并联及混联三种。

1. 电阻的串联

把两个或两个以上电阻的头和尾相连接叫电阻的串联。如图1-2所示为电阻的串联。几个电阻串联，总电阻值等于各个电阻值之和。

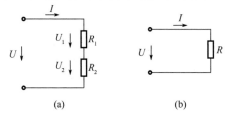

(a)　　　　　　　　　　(b)

图1-2　电阻串联电路

(a)电阻的串联　(b)等效电路

图 1-2(a)中两个电阻 R_1，R_2，串联之后的阻值为：

$$R = R_1 + R_2$$

其中图 1-2(b)为图 1-2(a)的等效电路。

例 将两个电阻值分别为 30Ω 和 60Ω 的电阻串联，求串联后的阻值。

解：$R = R_1 + R_2$

$\quad\quad = 30 + 60$

$\quad\quad = 90(\Omega)$

答：串联后的阻值为 90Ω。

2. 电阻的并联

把两个或两个以上的电阻并排地连接在一起，电流可以从各条路径同时流过各个电阻，这就是电阻的并联，如图 1-3 所示。

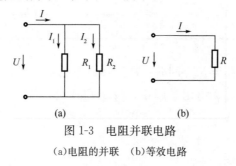

图 1-3　电阻并联电路

(a)电阻的并联　(b)等效电路

几个电阻的并联，总阻值的倒数等于各个分支电阻值倒数之和。

如图 1-3(a)R_1 和 R_2 并联后的阻值为：

$$\frac{1}{R} = \frac{1}{R_1} + \frac{1}{R_2}$$

例 将两个电阻值分别为 30Ω 和 60Ω 的电阻并联，求并联后的阻值。

解：$\dfrac{1}{R} = \dfrac{1}{R_1} + \dfrac{1}{R_2}$

$\quad\dfrac{1}{R} = \dfrac{1}{30} + \dfrac{1}{60}$

$\quad\dfrac{1}{R} = \dfrac{1}{20}$

$\quad R = 20(\Omega)$

答：并联后的阻值为 20Ω。

3. 电阻的混联

在一个电路中，既有电阻的串联又有电阻的并联，这样的电路称为混联电路，如图 1-4 所示。

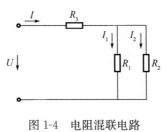

图 1-4　电阻混联电路

混联电路计算方法，首先分清电路中各部分电阻串联、并联情况，运用电阻串联、并联的计算公式进行等效简化，然后再将计算出的部分电阻值逐步进行合并，求出总的电阻值。

七、欧姆定律

欧姆定律是表示电压（电势）、电流和电阻三者关系的基本定律。

1. 部分电路的欧姆定律

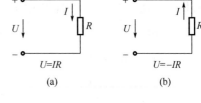

图 1-5　部分电路

如图 1-5 所示的电路中，流过该段电路的电流与电路两端的电压成正比，与该段电路的电阻成反比。其数学表达式为：

$$I = \frac{U}{R}$$

式中　I——电路的电流，A（安）

　　　U——电阻两端电压，V（伏）

　　　R——电路中的电阻，Ω（欧）

根据欧姆定律，可以从已知两个量求出另一个未知量：

（1）已知电压、电阻，求电流：

$$I = \frac{U}{R}$$

（2）已知电流、电阻，求电压：

$$U = IR$$

（3）已知电流、电压，求电阻：

$$R = \frac{U}{I}$$

2. 全电路欧姆定律

全电路是有电源在内的闭合电路，如图 1-6 所示。在闭合电路中，电流与电源的电动势成正比，与电路中负载电阻及电源内阻之和成反比。

全电路欧姆定律表达式为：

$$I = \frac{E}{R + R_0}$$

式中　I——电路的电流，A（安）

　　　　E——电源电动势，V（伏）

　　　　R——负载电阻，Ω（欧）

　　　　R_0——负载电阻，Ω（欧）

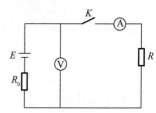

图 1-6　全电路

八、电功、电功率

做功现象：当电流通过负载时产生发光、发热和机械运动等现象，说明电在做功，如手电筒发光是干电池的电流在做功。

1. 电功

电流所做的功叫电功，用符号 W 表示。电功的大小与电路中的电流、电压以及通过的时间成正比。用公式表示为：

$$W = UIt = I^2Rt$$

式中　I——电路的电流，A（安）

　　　　U——负载两端的电压，V（伏）

　　　　R——负载电阻，Ω（欧）

　　　　t——通电时间，s（秒）

　　　　W——电功，J（焦）

电功的单位名称是焦耳，单位符号是 J，中文符号是焦。

电功也可以用电量的形式表达为千瓦时，用符号 kW·h 表示：

$$1kW·h = 3.6MJ$$

2. 电功率

电流在单位时间内所做的功叫作电功率，用符号 P 表示。电功率等于电压乘以电流。如果电压以伏为单位，电流以安为单位，其功率 P 的单位为瓦特，简称瓦，用符号 W 表示：

$$P = UI = I^2 R = \frac{U^2}{R}$$

$$U = \frac{P}{I}$$

$$I = \frac{P}{U}$$

$$R = \frac{P}{I^2}$$

在实际应用中，有时又用千瓦作单位，用符号 kW 表示，

$$1\text{kW} = 1000\text{W}$$

电功率是电流在单位时间内所做的功，因此电功率和做功的时间的乘积就是电功，即

$$W = Pt$$

九、电磁感应

1. 磁性和磁体

磁性：物体能吸引铁、钴、镍等金属材料的性质，称为磁性。

磁体：具有磁性的物体称为磁体。磁体可分为天然磁体和人造磁体。

2. 磁极与磁场

磁极：磁体中磁性最强的两端称为磁极。磁极分为南极、北极。南极用 S 表示，北极用 N 表示。磁极间具有相互作用力称为磁力。其规律为同极相斥、异极相吸。这说明磁体周围存在着一种特殊的物质，这就是磁场。

为了表明磁场的客观存在，人们人为地在磁场空间内引进一组假想的空间曲线，这种曲线就称为磁力线，如图 1-7 所示。

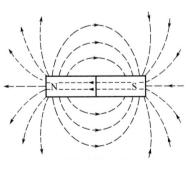

图 1-7　磁力线

磁力线是一种互不相交的闭合曲线，磁力线越密，磁场越强。

3. 电磁力

通电导线在磁场中会受到力的作用，这种作用力称为电磁力。如图 1-8 所示。电磁力用符号 F 表示，其大小与电流大小、导线的有效长度及磁感应强度成正比：

$$F = BIL$$

式中　F——电磁力，N

　　　B——磁感应强度，T

　　　I——导线电流，A

　　　L——导线有效长度，m

磁感应强度是描述磁场中各点性质的物理量。

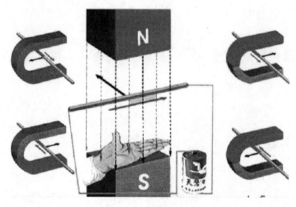

图 1-8　电磁力

4. 磁导率

磁导率是表示磁介质磁性的物理量，常用符号 μ 表示。铁磁物质如铁、钴、镍等金属材料的磁导率较高。如变压器中的铁心都是用铁磁材料制成的，从而使电流的磁场大大加强。反之，铜、银等磁导率很小，因而属于反磁物质。

5. 磁路与磁阻

磁路：磁力线所通过的闭合路径。

磁阻：磁路所受到的阻力。磁阻的大小与磁路长度成正比，与磁路截面积成反比，还与介质的磁导率 μ 有关。

6. 电磁感应

当处于磁场中的导体相对于磁场做切割磁力线的运动时，或穿过线圈的磁通发生变化时，在导体或线圈中都会产生电动势。如果导体或线圈是闭合电路的一部分，那么导体或线圈中将产生电流，我们把这种现象称为电磁感应。这说明磁能是能够转化为电能的。例如，发电机就是利用此原理。反之，把通电导体在磁场中受到电磁力的作用而产生运动，从而获得机械能的电气设备，称之为电动机。

7. 自感与互感

自感：当通过线圈本身的电流发生变化时，在线圈内产生感应电动势的电磁感应现象称为自感。自感电动势不仅起着阻碍电流的建立和增大作用，还起着阻碍电流的消失和减少的作用。

互感：在两个线圈之间的电磁感应现象，应用于变压器、感应线圈等。

十、交流电

交流电：电流、电压、电动势的大小和方向随时间做周期性的变化。在交流电作用下的电路称为交流电路。

(一)正弦交流电

正弦交流电：电流、电压、电动势的大小和方向随时间做周期性的变化，按照正弦曲线的规律进行，通常由交流发电机产生，如图 1-9 所示。其数学表达式为：$e = E_{m}\sin\omega t$

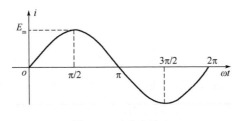

图 1-9　正弦交流电

正弦交流电的三要素有：

最大值、角频率和初相角。

1. 最大值

由于交流电的大小时刻在变化，因此把交流电在某一瞬间的数值称为瞬时值。瞬时值中最大值称为交流电的最大值。分别用符号 I_m、U_m、E_m 表示。

2. 频率

交流电在一秒钟内完成周期性变化的次数，称为交流电的频率，用符号 f 表示，单位 Hz(赫兹)，频率单位还有 kHz、MHz 其换算关系为：

$$1kHz=1000Hz$$

$$1MHz=1000kHz$$

我国工业生产和生活用的交流电的频率为 50Hz，称为工频。

交流电完成一次周期性变化所需的时间称为周期，用符号 T 表示，单位 s (秒)。

工频交流电的周期为：$T=1/f=1/50=0.02(s)$

3. 初相角

交流发电机内的矩形线圈，在磁场中开始绕轴转动时，线圈平面与中性面之间的夹角 ψ，称为正弦交流电的初相角，如图 1-10 所示。

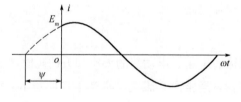

图 1-10　正弦交流电

- 有效值

由于正弦交流电的大小、方向都随时间变化，这就给电路的计算和测量带来困难。在实际应用中，常采用交流电的有效值来表示交流电的大小。交流电的有效值，实际上就是在热效应方面同它相当的直流值，分别用大写字母 I、U、E 表示。

交流电的最大值与有效值的关系：

$$U_m=\sqrt{2}U$$

$$I_m=\sqrt{2}I$$

$$E_m = \sqrt{2}E$$

我们常说的交流电电流、交流电压、交流电动势都是指有效值,如 220V、5A 等。测量交流电的电流表、电压表所指示的数值都是有效值。各种交流电气设备上所标的额定电压和额定电流也是指有效值。

(二)三相交流电

在工农业生产中,普遍使用的是三相交流电,它是由交流发电机产生的。

1. 三相交流电的优点

三相交流电比单向交流电节省输电线,三相电机体积小,坚固耐用,维修和使用方便,运转时振动小,效率高,因此应用很广泛。

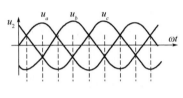

图 1-11 三相交流电

当三相交流电每相电势的最大值相等,频率相同,而相位互差 120°时,就称为对称三相交流电,即常用的三相交流电,如图 1-11 所示。

2. 三相交流电供电方式

三相交流电供电方式有三相三线制、三相四线制和三相五线制。

三相交流发电机的三相绕组的每一相绕组有两个端头,三相绕组共有六个端头。在实际应用中,常把三相绕组按一定方式连接起来,如图 1-12 所示为星形(丫)连接。

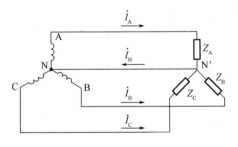

图 1-12 三相四线制

在星形连接中,各绕组的末端连接在一起,成为一个公共端点 O,端点叫作中点或零点。从中点引出的输电线称为中线或零线。中线通常接地,故又称为地线。从三相绕组的首端引出的三根输电线,称为三相电源的端线或相线。这种由三根端线和一根中线组成的供电系统称为三相四线制供电系统。

三相四线制供电可以同时输送两种电压，一种是端线与中线之间的电压，称为相电压。即发电机每相绕组的电压，分别用 U_U、U_V、U_W 表示，也可以用符号 U_Φ 表示。另一种是端线与端线之间的电压，称为线电压，分别用 U_{UV}、U_{VW}、U_{WU} 表示，也可以用符号 U_L 表示。

线电压与相电压的关系是：$U_L = \sqrt{3} U_\Phi$。

通常的 380V 和 220V 两种电压是从同一个三相电源获得的 380V 是线电压，220V 是相电压。

3. 三相负载的连接

（1）星形连接（Y）：将三相负载的一端分别接在三条端线上，另一端都接在中线 O 上，这样的连接方法称为星形（Y）接法。如图 1-13 所示，加在各相负载两端的电压，就是电源的相电压。流经负载的电流称为相电流，分别用 I_U、I_V、I_W 表示。由于各相电流相等，也可用 I_Φ 表示。经过端线的电流称为线电流，分别用 I_{UV}、I_{VW}、I_{WU} 表示。由于各端线的电流相等，也可用 I_L 表示，从图 1-13 可见，线电流等于相电流，即 $I_L = I_\Phi$

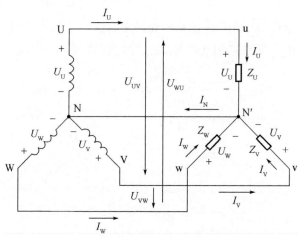

图 1-13　三相负载星形连接

流经中线的电流称为中线电流，用 I_o 表示。根据理论计算，三相对称负载星形连接时，流过中线的电流等于零，因此中线可以省去，这样就变成三相三线制。

三相电路中应力求三相负载平衡，若三相负载不对称时，有中线存在，各相负载的电压保持不变，而中线的电流不等于零。若中线断开后，各相负载的电压就不相等了，将会造成用电设备损坏，使之不能正常工作。所以规定当三相负载不对称时，中线上不能安装熔断器。

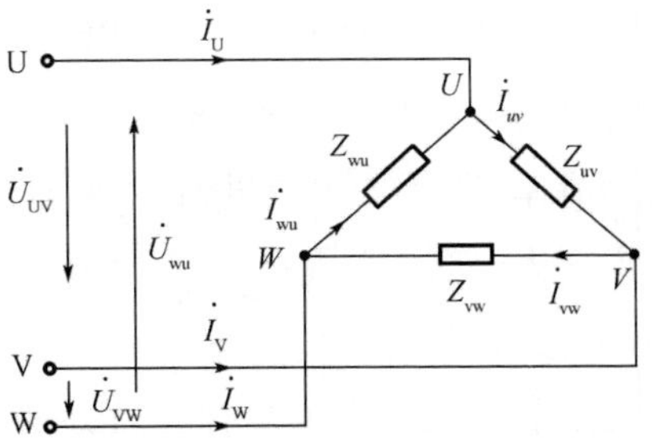

图1-14　三相负载三角形连接

（2）三角形连接（△）：三相负载三角形连接如图1-14所示。

负载作三角形连接时，负载的线电压等于相电压，即 $U_L = U_\Phi$

在三相对称负载中，各相负载上的电压大小相等，则各相负载上的电流大小也相等。即 $I_{UV} = I_{VW} = I_{WU} = I_\Phi$

相应各端线上的线电流也相等。即

$$I_U = I_V = I_w = I_L$$

根据理论计算，三相负载作三角形连接时，线电流与相电流的关系是 $I_L = \sqrt{3} I_\Phi$。

通常所说的三相交流电电流，如无特殊说明，都是指线电流。

三相负载究竟采用哪种接法，要取决于每相负载的额定电压、电源的线电压或相电压的大小。如果每相负载的额定电压等于电源的线电压的 $1/\sqrt{3}$，则负载接成星形。如果每相负载的额定电压等于电源的线电压，则负载应接成三角形。

第二节　电梯电子学基础知识

一、晶体二极管

（一）晶体二极管的构造

半导体的导电性能介于导体和绝缘体之间，随着掺入杂质的多少，半导体的导电性能将发生变化。根据这个特性，人们做出了各种各样的半导体器件。锗和硅等半导体材料都是晶体结构，因此半导体管又称为晶体管。

在不含杂质的半导体硅（或锗）中，掺入微量有用杂质后，就改变了原来半导体内部结构。如果在掺入杂质后的晶体半导体内部，主要是靠电子导电，那么，这种晶体半导体就称为电子型半导体（或 N 型半导体）。如果在掺入杂质后的晶体半导体内部主要是靠空穴导电，那么，这种晶体半导体就称为空穴型半导体（或 P 型半导体）。

当 P 型和 N 型半导体用特殊工艺紧贴在一起时，由于内部载流体类型的不同，在两种材料的接触面上就形成一个阻挡层，即 PN 结。

PN 结具有单向导电的性质。PN 结单向导电的条件是：P 极接电源正极，N 极接电源负极，这种接法叫正向接法（正偏）；N 极接电源正极，P 极接电源负极，这种接法叫反向接法（反偏）。

在形成 PN 结的 P 型半导体上和 N 型半导体上，分别引出电极引线，并用管壳封闭就制成了二极管。二极管的符号用 ─▷├─ 表示，箭头表示正向 K 电流的方向。左端为正极（也叫阳极），右端为负极（也叫阴极）。

(二)晶体二极管的伏安特性

晶体二极管常用的主要有硅二极管和锗二极管，分别为点接触型和面接触型。点接触型适合于高频信号的检波、脉冲电路或小电流的整流。由于 PN 结的面积小，所以不能承受高反向电压和大电流。相反，面接触型的二极管适合于整流电路，因为它的 PN 结面积较大，能承受高反压和大电流。

二极管的伏安特性：二极管两端所承受的电压与电流的关系称为二极管的伏安特性，二极管伏安特性曲线如图 1-15 所示。

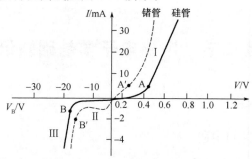

图 1-15　二极管伏安特性曲线

坐标右上方看到的曲线，是二极管的正向特性曲线，二极管两端电压为零时，电流也为零。随着电压的不断上升，电流也不断增加，当电压超过 A 点时电流突然变大。通常，二极管就是工作在曲线的这一段。在坐标的左下方看到的曲线是二极管的反向特性曲线。二极管中的电流随着两端电压的增加逐步增加，当电压达到 B 点时，电流不再随电压的增加而增加。当电压继续增加，超过 B 点时，电流会突然增加，这种现象称为反向击穿。在这种情况下，只要反向电压稍有增加，反向电流就会急剧增大而使管子损坏。

二极管的种类很多，如检波二极管、整流二极管、开关二极管、稳压二极管。除了用特殊工艺制成的稳压二极管能够工作在反向击穿状态下，其他二极管是不能工作在这一状态下的。在选用二极管时，主要考虑的是最大正向电流、最高反向工作电压及反向饱和电流。我们希望正向工作电流值更大一些，最高反向工作电压值更高一些，反向饱和电流更小一些。

(三)二极管的整流电路

二极管的整流，是利用二极管的单向导电特性，将周期变化的交流电变换成方向不变、大小随时间变化的脉动直流电。

1. 单相半波整流电路

如图 1-16(a)所示，图中 Tr 为电源变压器，用来将 u_1 交流电压变换为整流电路所要求的交流低电压 u_2，同时保证直流电源与电源有良好的隔离。设 V 为整流二极管，令它为理想二极管，R_L 为要求直流供电的负载等效电阻。如图 1-16(b)所示，当 u_2 做正弦变化时，通过二极管 V 以后，在负载 R 上出现的只是脉动的直流电压。由于流过负载的电流和加在负载两端的电压只有半个正弦波，所以，这种整流电路称为半波整流电路。半波整流电路结构简单，使用元件少，但整流效率低，输出电压脉动大，因此，它只使用于要求不高的场合。

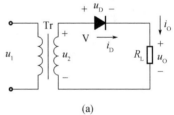

(a)

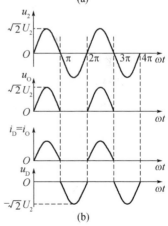

(b)

图 1-16　半波整流电路图

(a)半波整流电路　(b)输出波形

变压器二次电压 $u_2 = \sqrt{2}U_2\sin(\omega t)$

输出电压的平均值 $U_0 = \dfrac{1}{2\pi}\displaystyle\int_0^{\pi}\sqrt{2}U_2\sin(\omega t)\,\mathrm{d}(\omega t)$

$$= 0.45U_2$$

流过二极管的平均电流 $I_D = I_O = 0.45\dfrac{U_2}{R_L}$

二极管承受反向峰值电压 $U_{RM} = \sqrt{2}U_2$

2. 单相全波整流电路

如图 1-17 所示，单相全波整流电路是两个单相半波整流电路的组合，二极管 V_{D1}、V_{D2} 分别工作半周，同单相半波电路比较，负载上的电压提高 1 倍，即 $U_0 = 0.9U_2$，负载上的电流也提高 1 倍，即 $I_O = 0.9\dfrac{U_2}{R_L}$ 这种电路变压器必须有中心抽头。以中心抽头为参考点，则变压器二次电压被分成两个大小相等、相位相反的电压。

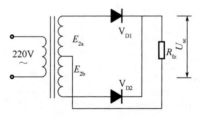

图 1-17　单向全波整流电路

3. 单相桥式整流电路

为了克服半波和全波整流的缺点，常采用桥式整流电路，如图 1-18 所示，图中 V_{D1}、V_{D2}、V_{D3}、V_{D4} 四只整流二极管接成电桥形式，故称为桥式整流。

工作原理和输出波形：

设变压器二次电压 $u_2 = \sqrt{2}U_2\sin\omega t$，波形如图 1-18(a) 电压、电流波形所示。在 u_2 的正半周，即 a 点为正，b 点为负时，V_{D1}、V_{D3} 承受正向电压而导通，此时有电流流过 R_L，电流路径为 a→V_{D1}→R_L→V_{D3}→b，此时 V_{D2}、V_{D4} 因反偏而截止，负载 R_L 上得到一个半波电压，如电压图 1-18(b) 中的 $0\sim\pi$ 段所示。若略去二极管的正向压降，则 $u_0 \approx u_2$。电压、电流波形在 u_2 的负半周，即 a 点为负 b

点为正时，V_{D1}、V_{D3} 因反偏而截止，V_{D2}、V_{D4} 正偏而导通，此时有电流流过 R_L，电流路径为 b→V_{D2}→R_L→V_{D4}→a。这时 R_L 上得到一个与 $0～\pi$ 段相同的半波电压如图 1-18(b)中的 $\pi～2\pi$ 段所示，若略去二极管的正向压降，$u_0 \approx -u_2$。由此可见，在交流电压 u_2 的整个周期始终有同方向的电流流过负载电阻 R_L，故 R_L 上得到单方向全波脉动的直流电压。可见，桥式整流电路输出电压为半波整流电路输出电压的两倍，所以桥式整流电路输出电压平均值为 $U_0 = 2 \times 0.45U_2 = 0.9U_2$。桥式整流电路中，由于每两只二极管只导通半个周期，故流过每只二极管的平均电流仅为负载电流的一半，在 u_2 的正半周，V_{D1}、V_{D3} 导通时，可将它们看成短路，这样 V_{D2}、V_{D4} 就并联在 u_2 上，其承受的反向峰值电压为 $U_{RM} = \sqrt{2}U_2$。同理，V_{D2}、V_{D4} 导通时，V_{D1}、V_{D3} 截止，其承受的反向峰值电压也为 $U_{RM} = \sqrt{2}U_2$。二极管承受电压的波形如图 1-18(d)所示。

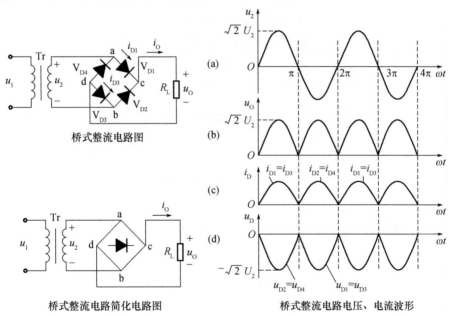

桥式整流电路图

桥式整流电路简化电路图

桥式整流电路电压、电流波形

图 1-18 单相桥式整流电路

由图可见，在交流电压 u_2 的整个周期始终有同方向的电流流过负载电阻 R_L，故 R_L 上得到单方向全波脉动的直流电压。可见，桥式整流电路输出电压为半波整流电路输出电压的两倍。桥式整流电路与半波整流电路相比较，其输出电压 U_0 提高，脉动成分减小了。

4. 三相整流电路

（1）三相半波整流电路　三相半波整流电路如图 1-19 所示，三个二极管的导通顺序是 $VT_1 \to VT_2 \to VT_3 \to VT_1$ 依次反复下去。

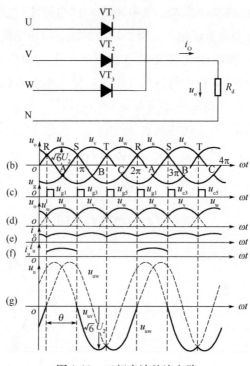

图 1-19　三相半波整流电路

输出电压在一个周期的分段表达式为：

$$u_0 = \begin{cases} u_U & 30° < \omega t < 150° \\ u_V & 150° < \omega t < 270° \\ u_W & 270° < \omega t < 390° \end{cases}$$

输出电压的平均值为

$$U_0 = \frac{1}{T}\int_0^T u_0 \mathrm{d}t = \frac{3}{2\pi}\int_{\frac{\pi}{6}}^{\frac{5}{6}\pi} \sqrt{2}U_2 \sin\omega t \, \mathrm{d}\omega t = \frac{3\sqrt{6}}{2\pi}U_2 = 1.17U_2$$

输出电流的平均值为

$$I_0 = \frac{U_0}{R_d} = \frac{3\sqrt{6}}{2\pi R_d}U_2 = 1.17\frac{U_2}{R_d}$$

三相半波整流电路虽然简单，但三相半波整流电路的输出在每个电源周期中仍有 3 个脉动波，因此在工业生产中经常使用三相桥式整流电路。

（2）三相桥式整流电路　三相桥式整流电路如图 1-20 所示，二极管 VT_1、VT_3、VT_5 共阴极连接，在 $\omega t = 30° \sim 150°(R \sim S)$ 之间是 VT_1 导通，VT_3、VT_5 承受反压而关断；在 $\omega t = 150° \sim 270°(S \sim T)$ 之间是 VT_3 导通，VT_1、VT_5 承受反压而关断；在 $\omega t = 270° \sim 390°(T \sim R)$ 之间是 VT_5 导通，VT_1、VT_3 承受反压而关断；二极管 VT_2、VT_4、VT_6 共阳极连接，在 $\omega t = 90° \sim 210°(A \sim B)$ 之间是 VT_2 导通，VT_4、VT_6 承受反压而关断；在 $\omega t = 210° \sim 330°(B \sim C)$ 之间是 VT_4 导通，VT_2、VT_6 承受反压而关断；在 $\omega t = 330° \sim 450°(C \sim A)$ 之间是 VT_6 导通，VT_2、VT_4 承受反压而关断。

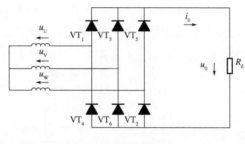

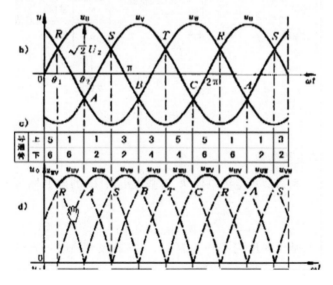

图 1-20　三相桥式整流电路

六只二极管导通的顺序是 $VT_1 \rightarrow VT_2 \rightarrow VT_3 \rightarrow VT_4 \rightarrow VT_5 \rightarrow VT_6 \rightarrow VT_1$。

输出电压的平均值为

$$U_0 = \frac{1}{T}\int_0^T u_0 \, \mathrm{d}t = \frac{6}{2\pi}\int_{\frac{\pi}{3}}^{\frac{2}{3}\pi} \sqrt{6}U_2 \sin\omega t \, \mathrm{d}\omega t = \frac{3\sqrt{6}}{\pi}U_2 = 2.34U_2$$

输出电流的平均值为

$$I_o = \frac{U_0}{R_d} = \frac{3\sqrt{6}}{\pi R_d}U_2 = 2.34 \frac{U_2}{R_d}$$

二、晶体三极管

1. 晶体三极管的构造

晶体三极管是由两个 PN 结构成的。其中一个 PN 结叫发射结，另一个叫集电结。它有三个电极：基极 b 接在中间基区的半导体上，另外两个是发射极 e 和集电极 c，分别接在两边的发射区和集电区半导体上，如图 1-21 所示。

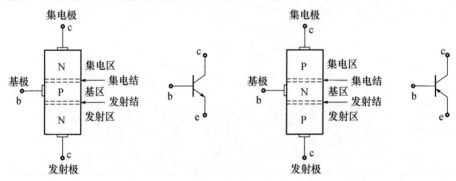

图 1-21　三极管结构及符号

2. 三极管的主要参数

（1）电流放大系数：集电极电流 I_c 与基极电流 I_b 的比值称为电流放大系数 β，$\beta = \dfrac{I_c}{I_b}$。

（2）集电极与基极间反向饱和电流 I_{cbo}：发射极开路时，集电极与基极间的电流称为反向电流。

（3）穿透电流 I_{ceo}：基极开路时，集电极与发射极间的称为穿透电流。

（4）集电极增大工作电流 I_{cm}。

（5）发射极开路时，集电结反向击穿电压 BU_{cbo}。

（6）集电极开路时，发射结反向击穿电压 BU_{ebo}。

（7）基极开路时，集电极和发射极之间的击穿电压 BU_{ceo}。

（8）集电极最大的耗散功率 P_{em}。

3. 晶体三极管的放大作用

在晶体管放大电路中，晶体三极管主要起电流放大作用，如图 1-22 所示。当基极和发射极之间加正向偏置后，内电场被削弱，相当于 PN 结变窄，所以发射区的电子因浓度高很容易通过发射结扩散到基区，形成发射极电流 I_e。同时由于集电结是反向电压，内电场被加强，相当于 PN 结变宽，所以集电结附近的电子则在集电极外加电场的吸引下，很容易达到集电区，形成集电极电流 I_c。同时基区在正电源的作用下发生电子和空穴的不断复合，形成基极电流 I_b。这三种电流的关系是：$I_e = I_c + I_b$，一旦管子制成后，I_c / I_b 就确定了。这两者的比值就决定了三极管的电流放大能力。

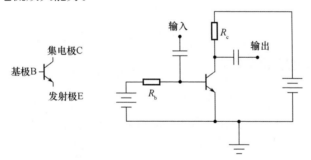

图 1-22　晶体三极管基本工作原理

4. 晶体三极管的特性曲线

晶体三极管的特性曲线是表征三极管各极电压电流之间的关系曲线。常用的有输入特性和输出特性两种，输入特性是当 c、e 极间电压固定时，晶体管基极电流 i_b 与 b、e 极间电压 u_{be} 之间的关系。输出特性是保持基极电流 i_b 为恒定值时，集电极电流 i_c 与 c、e 极间电压 u_{ce} 之间的关系曲线，如图 1-23 所示。

晶体管输出特性的三个区域对应于晶体管放大、饱和和截止三种状态。晶体管组成放大器时工作于放大区，组成数字电路时工作于饱和区与截止区。

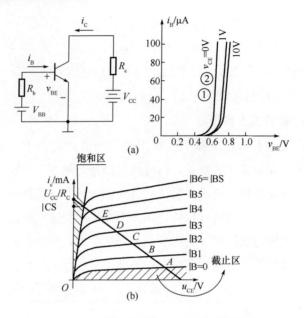

图 1-23　晶体三极管输入输出特性曲线

三、晶闸管整流电路

(一)晶闸管

晶闸管技术在自动控制系统中已经成为不可缺少的控制技术，有相当一部分电梯的调速控制系统采用了晶闸管技术。

1. 晶闸管的特性

晶闸管元件是一种用半导体材料制成的可控整流元件，它和普通二极管整流元件不同之处在于它的单向导电与否是可以控制的。如图 1-24 晶闸管实验电路所示，主回路由晶闸管的阳极 a 和阴极 c 与灯泡、开关 S1 串联后接电源 E_a 所组成。控制回路由门极 g 与阴极 c、开关 S2 及电阻 R 串联后接电源 E_g 所组成。

（1）当接通开关 S1 时，主电路被接通，但若不接通 S2，灯泡并不亮，这说明晶闸管并没有导通。同时说明晶闸管与

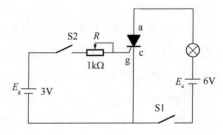

图 1-24　晶闸管实验电路图

二极管有本质的区别，即晶闸管具有正向阻断能力。

（2）若此时接通 S2（即接通控制电路），使门极得到一个正电压（通常叫触发电压）则晶闸管导通灯泡变亮。晶闸管一旦导通后，若去掉门极上的电压（即断开S2），灯仍然亮着，说明晶闸管继续导通，门极失去了作用。由此可见，门极只能起触发作用，使晶闸管导通，而不能使已导通的晶闸管关断（可关断型的晶闸管除外）。只有减少电源电压 E_a 到一定程度，使流过晶闸管的电流小于晶闸管的维持电流，晶闸管才能被关断。

（3）若将 E_a 的极性对调，使晶闸管加反向电压，无论门极加不加正向电压，灯都不亮，即晶闸管始终处于截止状态。

（4）若将 E_g 的极性对调，使晶闸管门极对阴极加反向电压，无论晶闸管的阳极和阴极之间加正向电压还是反向电压，灯都不亮，即晶闸管始终处于截止状态。

晶闸管导通条件：第一，晶闸管的阴极和阴极之间加正向电压；第二，门极必须同时加上适当的正电压。而要使晶闸管从导通转为截止，必须减小阳极和阴极之间的正向电压或加反向电压。

2. 晶闸管主要参数

（1）正向峰值电压；

（2）正向转折电压；

（3）反向峰值电压；

（4）额定正向平均电流。

（二）晶闸管整流电路

在电梯控制系统中需要电压大小可调的直流电源，例如同步发电机的励磁、直流电动机的调速、大功率直流稳压电源等。晶闸管组成的整流电路有很多优点，如重量轻、体积小、效率高、成本低、易维护等。因此，晶闸管整流装置得到了广泛的应用。

1. 单相半波可控整流电路

如图 1-25 所示为单相半波可控整流电路。在电源变压器二次电压 u_2 的正半周内，晶闸管 VT 承受正向电压。如果 $\omega t = \alpha$ 时，在门极引入触发脉冲 u_g，VT 导通，电压 u_2 全部加到负载电阻 R 两端（管压降忽略不计），同时电流流过负载。

在 u_2 的负半周内，VT 承受反向电压而阻断，负载 R 上的电压 u_g 和电流 i_d 均为零。如果在 u_2 的第二个正半周再在相应的时刻，即 $\omega t = 2\pi + \alpha$ 时加入触发脉冲 u_g，VT 将再次导通。若触发脉冲这样周期性的重复加到门极上，负载 R 上就可得到单相脉动的电压 u_d。负载上的电流 i_d 与电压波形相似。

控制角 α：加入控制电压 u_g 使 VT 开始导通的角度 α 称为控制角。

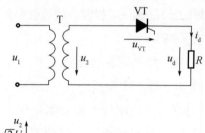

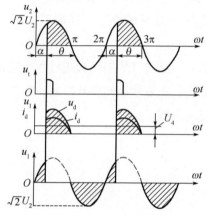

图 1-25　单相半波可控整流电路

导通角 θ：$\theta = \pi - \alpha$。

由此可见，改变加入触发脉冲的时刻，就改变 VT 的导通角 θ，使负载上得到的电压平均值也随之改变，从而达到可控整流的目的。其平均值为：

$$U_d = 0.45U_2(1 + \cos\alpha)/2$$

当 $\alpha = 0$，$\theta = \pi$ 时，晶体管全导通，相当于二极管单相半波整流电路，输出电压平均值为 $0.45U_2$，峰值电压为 $\sqrt{2}U_2$。当 $\alpha = \pi$，$\theta = 0$ 时，$U_d = 0$，VT 全阻断。

2. 单相桥式可控整流电路

电阻性负载：将单相桥式整流电路中的两个二极管换成两个晶闸管便组成单

相桥式半控整流电路，如图 1-26 所示。

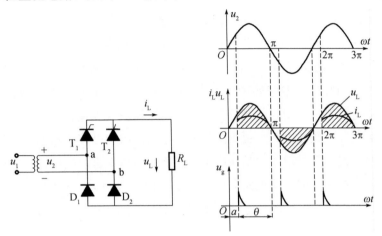

图 1-26　单相桥式半控整流电路图

在电源电压 u_2 的正半周（a 点为正，b 点为负），T_1 处于正向电压作用下，当 $\omega t = \alpha$ 时，触发 T_1 使之导通，电路回路为：电源 a 端→T_1→R_L→D_2→电源 b 端，这时 T_2 和 D_1 均承受反向电压而阻断。在电源电压 u_2 过零时，T_1 阻断，电流为零。

在电源电压 u_2 的负半周（a 点为负，b 点为正），T_2 处于正向电压作用下，当 $\omega t = \pi + \alpha$ 时，触发 T_2 使之导通，电路回路为：电源 b 端→T_2→R_L→D_1→电源端 a，这时 T_1 和 D_2 均承受反向电压而阻断。在电源电压 u_2 过零时，T_2 阻断，电流为零。

由此可见，无论 u_2 在正半周或负半周，流过负载 R_L 的电流方向是相同的，其负载两端电压与流过负载的电流波形相似。改变加入触发脉冲的时刻，就改变 T 的导通角 θ，使负载上得到的电压平均值也随之改变，从而达到可控整流的目的。其电压平均值为：

$$U_L = 0.9 U_2 (1 + \cos\alpha)/2$$

当 $\alpha = 0$，$\theta = \pi$ 时，晶体管全导通，相当于二极管单相桥式整流电路，输出电压平均值为 $0.9 U_2$，峰值电压为 $\sqrt{2} U_2$。当 $\alpha = \pi$，$\theta = 0$ 时，$U_L = 0$，T 全阻断。

由上式可知，在相同的 u_2 及 α 的情况下，桥式电路比半波电路的输出直流平均电压大一倍，而且脉动减少了。流过二极管及晶闸管的平均电流为：$I_T = I_D = (1/2) I_L$。

3. 三相桥式可控整流电路

随着负载容量的增大，为了减轻对电网电压平衡的影响，同时也为了减少脉动，可采用三相整流电路。三相可控整流电路有三相半波、三相桥式等。本节主要分析在大功率整流电路中应用较多的三相桥式可控整流电路。

三相桥式可控整流电路如图 1-27 所示，其中二极管 V_1、V_3、V_5 的阳极连接在一起，称为共阳极组；晶闸管 V_2、V_4、V_6 的阴极连接在一起，称为共阴极组。两组元件形成桥式电路。由于两组元件中有一组为可控整流元件，故称为三相半控整流。晶闸管导通条件是在阳极和阴极之间承受正向电压，并在门极加上触发脉冲。若晶闸管在承受正向电压的开始时刻（即 $\alpha=0$），立即给以触发脉冲，则晶闸管将与整流二极管的导电情况相似，即承受正向电压时导通，而承受反向电压时阻断。

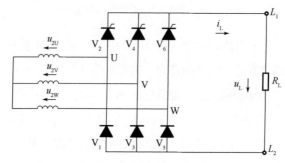

图 1-27　三相半波整流电路

（1）$\alpha=0$ 时工作情况　如图 1-28 所示三相桥式整流电路相电压和线电压的波形。

在 $\omega t_1 \sim \omega t_2$ 之间，u 相电压 u_{2u} 处于正半周（即 u 点电位高于 0 点电位，且大于 u_{2V}、u_{2w}），于是共阴极组中只有接在 u 相的 V_2 有可能导通。当 V_2 导通后，L_1 点的电位就与 u 点电位相同（忽略晶体管的正向压降），此时由于 V 点、W 点电位 u_{2V}、u_{2w} 都小于 L_1 点电位（即 u_{2u}），故 V_4、V_6 将承受反向电压而截止。在共阳极组中，在 $\omega t_1 \sim \omega t_2$ 之间，v 相电位最低，因此与之相连的二极管 V_3 的阴极电位最低，故只有 V_3 导通。当 V_3 导通后，L_2 点电位与 v 点相同，所以是 V_1、V_5 将承受反向电压而截止。可见，在 $\omega t_1 \sim \omega t_2$ 时间内，必定是 V_2、V_3 导通，其导通回路为 u 端→V_2→R_L→V_3→v 端，输出电压等于线电压 u_{uv}（忽略管压降）。同理，在 $\omega t_2 \sim \omega t_3$ 之间，由于共阴极组中仍然是 u 相电位最高，故 V_2 继续导通，而共阳极组中 w 相电位最低，因此与之相连的 V_5 导通，V_1、V_3 承受反向电压而截止。导通回路为 u 端→V_2→R_L→V_5→w 端，输出电压等于线电压 u_{uw}，在 ωt_2 处 V_3 换成 V_5。

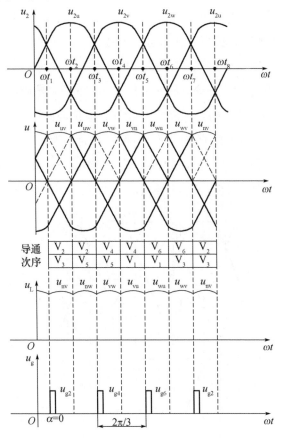

图 1-28 $\alpha = 0$ 时波形

由此可见，上述电路中整流元件的导通原则是：在共阳极组的二极管中，任何瞬间只有阴极电位最低的那个二极管才导通；共阳极组的晶闸管中，任何瞬间只有阳极电位最高的管加上触发脉冲后才导通；输出电压正好是线电压最高的那一组线电压（$\omega t_1 \sim \omega t_2$ 之间为 u_{uv}，$\omega t_2 \sim \omega t_3$ 之间为 u_{uw}）。

由上分析，可归纳如下几点：

1) 任何瞬间共阳极组和共阴极组各有一个管子导通组成导电回路，每个管子在一个周期内的导通角为 $\theta = 2\pi/3$。

2）每隔 $\pi/3$ 就有一个管子换流到另一个管子，共阳极组在相电压负半周的交点 ωt_2、ωt_4、ωt_6 处换流，共阴极组在相电压正半周的交点 ωt_1、ωt_3、ωt_5 处换流。

3）输出电压 u_L 为线电压 u_{uv}，u_{uw}，u_{vw}，u_{vu}，u_{wu}，u_{wv} 在正半周的包络线，所以输出电压平均值大为提高，脉动也大为减少。

（2）$0 < \alpha < \pi/3$ 时工作情况   如图 1-29 所示，在 ωt_1 时，向 V_2 加入触发脉冲 u_{g2}，则 V_2 在正向电压作用下导通。同时共阳极组中的 V_5 导通，形成导电回路的线电压为 u_{uv}。当 ωt_1 大于 $\omega t'_1$ 时，u_{2w} 处于负半周且电位最低，V_3 自然换流 V_5，形成导电回路的线电压 u_{uw}，且一直导通到 V_4 触发导通时为止。在 ωt_2 时，触发 V_4 导通，由于 u 相电位低于 v 相电位，故 V_3 承受反向电压而截止，V_2 换流 V_4。但此时 u_{2w} 处于负半周且电位最低，V_5 仍导通，一直到 $\omega t'_2$ 时二极管 V_5 自然换流 V_1。

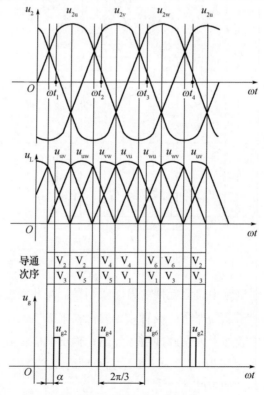

图 1-29 $0 < \alpha < \pi/3$ 时波形

由上分析可知，α 在这个范围内，三相桥式半控整流电路的工作特点是，在触发脉冲加入（即 $\omega t = \omega t_1$、ωt_2、ωt_3…）时，晶闸管轮流导通。而一管触发导通后，原导通管被强迫截止。二极管仍在相电压负半周的交点 $\omega t'_1$、$\omega t'_2$、$\omega t'_3$…依次自然换流，晶闸管和二极管的导通角均为 $2\pi/3$。α 增加，输出电压的平均值 U_L 相应减少，但输出电压的波形仍是连续的。

（3）$\pi/3 < \alpha < \pi$ 时工作情况　图 1-30 所示，在 ωt_1 时向 V_2 加入触发脉冲，V_2 导通。此时 u_{2w} 处于负半周且电位最低，所以共阳极组 V_5 导通。此时形成导电回路的线电压为 u_{uw}，直到 $\omega t'_2$ 时，$u_{uw} = 0$，V_2 自行阻断，由于其他晶闸管尚未触发，故输出电压 $u_L = 0$。在 ωt_2、ωt_3…依次给出触发脉冲 u_{g4}、u_{g6}…形成如图示波形。

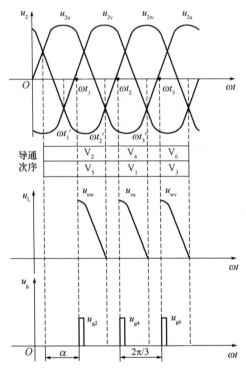

图 1-30　$\pi/3 < \alpha < \pi$ 时波形

由此可见，控制角 α 在这个范围内三相桥式半控整流电路的工作特点是：在触发脉冲加入（即 $\omega t = \omega t_1$、ωt_2、ωt_3…）时，晶闸管轮流导通，并在对应于线电压为零时自行阻断。二极管也依次导通，但在相电压负半周的交点处并不自然换流。当 α 增大时，管子的导通角减少，u_L 也随之减少，而且 u_L 的波形是断续的。

综上分析可知，三相桥式半控电路中晶闸管移相范围为 π，调节控制角 α 的大小，就可以达到改变输出直流电压的目的。

下面对几个基本关系进行数量分析。

1）输出直流电压平均值与控制角的关系

三相桥式半控电路控制角在 $0\sim\pi$ 范围内，不论 α 值的大小任何，$U_L=f(\alpha)$ 的函数关系均为：

$$U_L=2.34U_2(1+\cos\alpha)/2$$

2）负载电流平均值

$$I_L=\frac{U_L}{R_L}$$

3）流过晶闸管的电流平均值

$$I_T=I_L/3$$

4）流过二极管的电流平均值

$$I_D=I_L/3$$

5）晶体管承受的最大正向和反向电压

晶体管承受的正向和反向电压的最大值等于三相电压的最大值

$$\sqrt{3}\cdot\sqrt{2}U_2\approx2.45U_2$$

二极管承受的最大反向电压与晶闸管相同。

综上分析可知，改变三相桥式半控整流电路的控制角 α 的大小，就可以实现可控整流。由于 α 的改变，输出直流电压、电流的波形也随之改变，因此电压和电流的平均值和有效值的关系也在不断变化。

思考题

1. 电路有哪三种工作状态？

2. 电路的连接有哪三种形式？

3. 有三个 6Ω 的电阻，若把它们串联，等效电阻是多少 Ω；若把它们并联，等效电阻多少 Ω？

4. 有一段 16Ω 的导线，把它们对折起来作为一条导线用，其电阻是多少？

5. 如图所示的电路图。设电阻 R 两端的电压为 U，通过 R 的电流为 I，改变滑动变阻器 R' 连入电路的阻值，记录下多组实验数据。某同学对其分析后得出如下结论，分析其中正确的是（　　）。

A. 当 U 增大 n 倍，R 就减小为原来的 1/n

B. 不论 U 怎样变化，U 与 I 的比值不变

C. R 跟 U 成正比、跟 I 成反比

D. 当 U 为零时，I 为零，R 也为零

6. 一个由线性电阻构成的电器，从 220V 的电源吸取 1000W 的功率，若将此电器接到 110V 的电源上，则吸取的功率为多少？

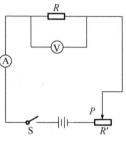

题 5 图

7. 互感器既可用于交流电路又可用于直流电路吗？

8. 变压器是依据电磁感应原理工作的吗？

9. 电机、电器的铁心通常都是用软磁性材料制成的吗？

10. 正弦量的三要素是最大值或有_____、_____和_____。

11. 我国工业交流电采用的标准频率是多少 Hz？

12. 正弦交流电压的最大值 U_m 与其有效值 U 之比为多少？

13. 三相对称负载作三角形联接时，线电流 I_L 与相电流 I_P 间的关系是：$I_L =$ _____ I_P。

14. 表征正弦交流电振荡幅度的量是它的_____；表征正弦交流电随时间变化快慢程度的量是_____；表征正弦交流电起始位置时的量称为它的_____。

15. 二极管最重要的特性是_____。

16. 加在二极管上的正向电压大于死区电压时，二极管_____；加反向电压时，二极管_____。

17. 晶体三极管有两个 PN 结，分别是_____和_____，分三个区域_____区、_____区和_____区。晶体管的三种工作状态是_____状态、_____状态和_____。

18. 单相半波整流电路中，负载为 500Ω 电阻，变压器的副边电压为 12V，则负载上电压平均值和二极管所承受的最高反向电压为多少？

第二章　微型计算机基础知识

第一节　微型计算机系统组成

微型计算机（简称微机），由硬件系统和软件系统组成。

一、硬件系统

硬件系统是指构成微型计算机系统的实体或物理装置，它包括组成微型计算机的各部件和外围设备。

微型计算机与传统的计算机并无本质区别。它也是由运算器、控制器、存储器和输入/输出接口等部分组成。其不同之处在于，微型计算机是把运算器和控制器集成在一片或几片大规模集成电路中，并称为微处理器。以微处理器芯片为中心，再加上存储器芯片和输入/输出芯片等大规模集成电路组成的超小型计算机或整个计算机只用一片大规模集成电路组成的超小型计算机，称为微型计算机，简称微机。只用一片大规模集成电路组成的微型计算机，又称为单片机。微型计算机配以输入/输出设备，就构成了微型计算机硬件系统，如图 2-1 所示。

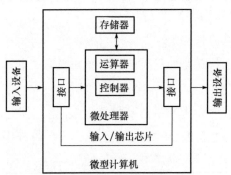

图 2-1　微型计算机硬件系统组成

二、软件系统

软件系统是指微型计算机系统所使用各种程序的集合。包括不需要用户干预的各种系统程序（又称系统软件）、用户使用的各种程序设计语言以及使用程序设计语言编制的各种应用程序（又称应用软件）。程序设计语言分为高级语言、汇编语言和机器语言。

第二节　计算机的硬件系统结构

微型计算机硬件系统结构，是指由各部件构成系统的连接方式。微型计算机硬件系统结构，如图 2-2 所示。

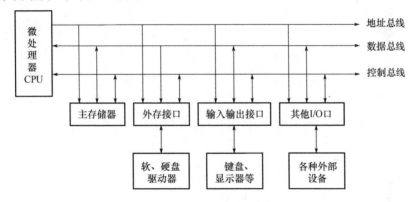

图 2-2　微型计算机硬件系统结构

这是一种典型的微型计算机硬件系统结构，即系统总线结构。系统总线是一组用来进行信息传递的公共信号线。它由地址总线、数据总线和控制总线组成。系统中各部件均挂在系统总线上，构成微型计算机硬件系统。

一、中央处理器

中央处理器（CPU）是计算机的核心部件，对微型计算机来讲，核心部件是微处理器（MPU），包括控制器和运算器两个部分。

1. 控制器

是计算机的控制指挥中心，它协调和指挥整个计算机系统的操作。它的主要功能是识别和翻译指令代码，安排操作的先后顺序，产生相应的操作控制信号，指挥控制数据的流动方向，保证计算机各部件有条不紊地工作。控制器由指令计数器、指令寄存器、译码器、操作控制器等部分组成。

2. 运算器

是对信息进行加工、运算的部件，也是控制器的执行部件，它接受控制器的指示，按照算术运算规则进行加、减、乘、除、开方、求幂等算术运算，还进行与、或、非、比较、分类等逻辑运算。运算器由算术逻辑部件、数据寄存器、累加器等部分组成。

二、存储器

存储器是计算机的记忆部件，用来存放计算机进行信息处理所必需的原始资料、中间数据、最后结果，以及指示计算机如何工作的程序。计算机中的全部信息都存放在存储器中。按照控制器的信号，可以向存储器中指定位置存入信息或从指定位置取出信息。

计算机的存储器分为主存储器（内存）和辅存储器（外存）两类。

1. 内存储器

内存储器是直接接受 CPU 控制的存储器。其内部分为许多存储单元，每个单元都有唯一的编号（地址）。从存储单元读取信息后，该单元中的信息仍保留不变，可以再次读取，向存储单元写入信息时，原存在该单元的信息被新存入信息取代。

内存储器分为随机存储器和只读存储器。

1) 随机存储器（RAM）：它允许随机的按任意指定地址向该存储器单元存入或从该单元取出信息，由于信息是通过电信号写入存储器的，所以掉电时，RAM 中的信息就会消失。因此，程序存入 RAM 后需要进行存盘，否则关机后信息将消失。

2) 只读存储器（ROM）：是只能读出不能随意写入信息的存储器。ROM 在的信息是在厂家制造时用特殊方法写进去的，掉电后信息也不会消失。

2. 外存储器

随着科学技术和计算机技术的发展，要解决一些大型的复杂的问题，不仅要求计算机高速有效的工作，还要求有很大的存储容量。内存容量的扩充受到技术上的限制而且价格较高，所以计算机系统都要配置外部存储器。

常用的外部存储器有：

（1）软盘；

（2）硬盘；

（3）光盘。

三、输入/输出设备

输入设备是指向计算机输入程序和数据的设备，如键盘、鼠标、光笔等。

输出设备是指计算机的信息送出的设备，如打印机、显示器、绘图仪、扬声器等。

第三节　计算机软件系统

微型计算机的软件系统包括系统软件和应用软件两部分。

一、系统软件

系统软件包括操作系统、语言处理程序和一些服务性程序，其核心是操作系统。

1. 操作系统

计算机执行程序、处理信息是一个复杂的自动过程，需要有一个统一指挥者来协调各部分的功能，这个统一的指挥者就是操作系统。

操作系统是计算机系统资源的管理者，管理包括硬件（如 CPU、存储器、外围设备）和软件（各种程序和数据）在内的一切资源。

2. 语言处理程序

语言处理程序包括汇编程序、编译程序和解释程序，其作用是将汇编语言和

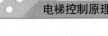

各种高级语言编写的程序翻译成计算机能够直接识别和执行的机器代码。

3. 其他系统软件

系统软件中还包括一些服务性程序，如软件调试工具、错误诊断、故障检查程序、测试程序和开发软件等。

二、应用软件

应用软件是为了解决计算机应用中的实际问题而编制或购买的软件。计算机能够应用到各个领域，就是通过应用软件来实现的。应用软件日益向着产业化、商业化、集装化发展，如文字处理软件、财会软件、辅助教学软件等。

第四节　微型计算机控制电梯基础知识

在电梯控制上采用微型计算机，取代传统的继电器控制方式越来越受到人们的重视。使用微型计算机控制电梯，已在国内外电梯行业中得到了广泛的应用，它使电梯控制系统体积减小，成本降低，节省能源，可靠性提高，通用性强，灵活性大，可以实现复杂功能的控制。

一、PLC 机控制

可编程序控制器，英文称 Programmable Controller 简称 PC 机，为了与个人计算机相区别也称 PLC，即可编程序逻辑（logic）控制器。

PLC 机控制器是一种数字运算操作的微型计算机，专为在工业环境下应用而设计，它采用可编程的存储器，用于存储执行逻辑运算、顺序控制、定时、计数和算术运算等操作指令，并通过数字式或模拟式输入输出控制各种类型的机械或生产过程。目前已成为现代十分重要和应用场合较多的工业控制器。

1. PLC 机控制的优点

1）结构紧凑简单。减少了数学运算部分，加强了直接控制需要的逻辑运算功能和计数、计时，步进等功能。并将输入、输出接口标准化，与控制器组装在一起，适用于生产现场应用。

2）可靠性高，稳定性好。一般允许输入信号的阈值比通常的微机大得多，与外部电路均经过光电隔离等措施，具有很强的抗干扰能力。

3）编程简单使用方便。PLC机可以采用继电器控制形式的"梯形图"进行编程。使用编程器或微机编程操作简单，易为电梯技术人员所接受。编程器还可以进行监控。微机还有电路显示、写入和打印等功能。

4）维护检查方便。PLC机具有完善的监控诊断功能，如有醒目的工作状态、通信状态、I/O状态和异常状态等显示。电梯各控制环节可以用故障代码表示，可以大大降低故障的修复时间。

5）采用模块化结构，扩展容易，使用范围灵活。

2. PLC 机控制电梯的方法

图 2-3 所示是一般 PLC 机的系统框图。它的结构形式基本上与微机相同。使用者可以采用联机或脱机编程，然后将指令或数据固化在"ROM"或"EPROM"存储器中。运行的微处理器对用户程序做周期性的循环扫描，逐条解释用户程序并加以执行。

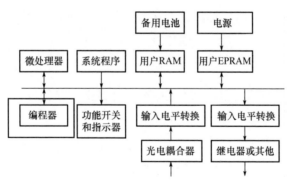

图 2-3　PLC 系统框图

用 PLC 控制电梯的方法是，将电梯中发出的指令信号如基站钥匙信号、轿内选层指令、层站召唤、各类安全开关、位置信号等都作为 PLC 的输入，而将其他的执行元件如接触器、继电器、轿内和层站指示灯、通信设施等作为 PLC 的输出部分。如图 2-4 所示是一种系统 I/O 配置框图。根据电梯的操纵控制方式，确定程序的编制原则。程序设计可以按照继电器逻辑控制电路的特点来完成，也可以完全脱离继电器线路从新按电梯的控制功能进行分段设计。前者程序设计简单，有现成的控制线路作依据，容易掌握；后者可以使相同功能的程序集中在一起，程序占用量小。

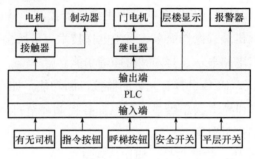

图 2-4   PLC I/O 配置图

二、微机控制

(一)功能

微型计算机的功能是很多的，运用于电梯控制系统主要是用来：①取代全部或大部分的继电器；②取代选层器；③解决调速问题；④实现复杂的调配管理功能。

(二)特点

1) 采用无触点逻辑线路，提高系统的可靠性，降低维修费用，提高产品质量。

2) 可改变控制程序，灵活性大，可适应各种不同要求，实现控制自动化。

3) 可实现故障显示，使维修简便，减少故障处理时间。

4) 用微型计算机调速，提高电梯的舒适感。

5) 用微型计算机控制变频变压调速，省去复杂的控制系统，使电梯实现现代化。

6) 用微型计算机实现群控电梯管理，合理调配电梯，可以提高电梯运行效率，节约能源，缩短候梯时间。

(三)微型计算机控制的主要方式

微型计算机控制电梯的方式是根据电梯功能的要求，以及电梯的不同类型进行设计的，因此，控制方式各有不同。

1. 单微型计算机控制方式(即只有一个 CPU)

利用单片机控制电梯具有成本低、通用性强、灵活性大及易于实现复杂控制等优点。可以设计出专门的电梯微机控制装置。如图 2-5 所示为单片机控制的原理。

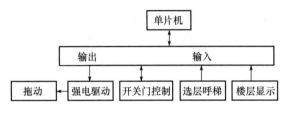

图 2-5 单片机控制系统框图

2. 双微型计算机控制方式

在交流调速系统中,采用双微型计算机组成交流电梯控制系统,可使电梯的性能大大改善,使舒适感提高,平层准确,误差小,可靠性高,使故障大大下降。如图 2-6 所示为双微型计算机控制原理。

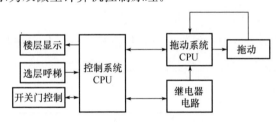

图 2-6 双微型计算机控制系统框图

此种方式是由控制系统的 CPU 和拖动系统的 CPU 以及部分继电器组成整个电梯的控制系统。此种线路可以实现启制动闭环控制,使电梯的舒适感和平层精度大大提高。

(四)微型计算机控制电梯主要组成部分

无论采用何种微型计算机形式控制电梯,它总是包括三个组成部分。

1. 电气驱动系统控制

微机控制驱动系统的主要环节是实现数字调节、数字给定和数字反馈。

(1) 数字化的数字调节器 无论是直流电梯还是交流电梯,通常采用双闭环或三闭环调节系统。各调节器可以单台或共用一台微机来完成数字调节。通过软件的数字调节器，便于改变数学模型，实现各种规律，提高系统的控制精度和响应时间。

（2）数字化的速度给定曲线　速度给定曲线可以用三种方法来实现。

1）第一种是把已经编好的速度曲线数据存放在 EPROM 中，以位置传感器的位移脉冲数编码器编码成为 EPROM 的地址，再从该地址中取出给定数据，这就是位移控制原则。

2）第二种是时间控制原则，它以分频器作为时钟，按时钟脉冲计数编码成为 EPROM 的地址，再由该地址取出数据构成速度给定曲线。

3）第三种是实时计算原则，根据移位距离加速度及其变化率，通过微机直接实时计算速度给定曲线，这是比较先进的控制方法。

2. 信号的传输与控制

微机控制电梯的信号传输有并行传输方式和串行传输方式两种。并行传输速度快，但接口及传输线用量大，串行传输可大量节省接口和电缆，所以现在电梯一般都采用串行通信方式。

串行通信方式是由主控板发出串行扫描信号，然后分布在各层楼的扫描器对串行信号产生作用并同主控板之间进行通信，实现信号的登记和显示。

3. 轿厢的顺序控制

微机收集轿内、井道及机房各种控制、保护及检测信号后，按电梯程序的控制原则进行逻辑判断和运算，决定操作顺序及工作方式。

一般电梯主要标准功能如下：

1）检修运行：电梯进入检修状态，系统取消自动运行以及自动门的操作。按上（下）行按钮可使电梯以检修速度点动向上（向下）运行。松开按钮电梯立即停止运行。

2）直接停靠运行：以距离为原则，自动运算生成从启动到停车的平滑曲线，没有爬行，直接停靠在平层位置。

3）最佳曲线自动生成：系统根据需要运行的距离，自动运算出最适合人机功能原理的曲线，没有个数的限制，而且不受短楼层的限制。

4）自救平层运行：当电梯处于非检修状态下，且未停在平层区。此时只要符合启动的安全要求，电梯将自动以慢速运行至最近平层区，然后开门。

5）司机操作运行：通过操纵箱拨动开关可以选择司机操作。电梯可由司机选择运行方向和其他功能（比如直驶功能），电梯的关门是在司机持续按关门按钮的条件下进行的。

6）消防返基站：接收到火警信号以后，电梯不再响应任何召唤和其他楼层的内选指令，以最快的方式运行到消防基站后，开门停梯。

7）消防员运行：在消防员操作模式，没有自动开关门动作，只有通过开关门按钮，点动操作使开关门动作。这时电梯只响应轿内指令，且每次只能登记一个指令。只有当电梯开门停在基站时，将消防开关、消防员开关都恢复后，电梯才能恢复正常运行。

8）测试运行：测试运行包括新电梯的疲劳测试运行、禁止外召响应、禁止开关门、屏蔽端站限位开关、屏蔽超载信号等测试运行方法。

9）独立运行：电梯不接受外界召唤，不能自动关门（在电梯并联或者群控时，为了给一些特定的人士提供特别服务，以运载贵宾或货物。按下独立运行按钮，则该电梯脱离群控，独立运行）。

10）紧急救援运行：对于人力操作提升装有额定载重量的轿厢所需力大于400N的电梯驱动主机，设置紧急电动运行开关及操作，以替代手动盘车装置。

11）开门再平层运行：电梯停靠在层站，大量进出人或货物，电梯会因为钢丝绳和橡皮的弹性变形，造成平层波动，给人员和货物进出带来不便，这时系统允许在开着门的状态下以再平层速度自动运行到平层位置。

12）自动返基站：当超过设定时间，仍无内部指令和层站召唤时，电梯自动返回基站等候乘客。

13）并联运行：两台电梯通过串行通信（canbus）进行数据传送，实现厅外呼梯指令的互相协调，提高运行效率。

14）群控调度运行：多台电梯进行数据通信（canbus），计算最有效快捷的运行方式响应厅外召唤。

15）免脱负载电机参数识别：对于异步电动机，控制系统可以自动辨识电机的电阻、电感、空载电流等控制参数，以便精确控制电机；而对于永磁同步电动机，控制系统可以完成旋转编码器的角度识别。

16）井道参数自学习：系统在首次运行前，需要对井道的参数进行自学习，包括每层的层高、强迫减速开关、限位开关的位置。

17）锁梯功能：自动运行状态下，锁梯开关动作后，消除所有召唤登记，然后返回锁梯基站，自动开门。此后停止电梯运行，关闭轿厢内照明与风扇。当锁梯开关被复位后，电梯重新开始进入正常服务状态。

18）满载直驶：在自动无司机运行状态，当轿内满载时（一般为额定负载的80％），电梯不响应经过的厅外召唤信号。但是，此时厅外召唤仍然可以登记，将会在下一次运行时服务（单梯），或是由其他梯服务（群控）。

19）照明、风扇节电功能：当超过设定时间，仍无内部指令和层站召唤时，则自动切断轿厢内照明、风扇等电源。

20）服务楼层设置：系统可根据需要灵活选择关闭或激活某个或多个电梯服务楼层及停站楼层。

21）自动修正轿厢位置：电梯每次运行到端站位置，系统自动根据第一级强迫减速开关检查和修正轿厢的位置信息，同时辅助特制的强迫减速可彻底消除冲顶和蹲底故障。

22）错误指令取消：乘客在操纵箱内可以采用连续按动指令按钮两次的方法来取消上次错误登记的指令。

23）反向自动消号：当电梯运行到终端层站或者运行方向变更时，将此前所登记的反向指令全部自动取消。

24）前后门服务楼层设置：系统可根据需要分别对前门和后门选择服务楼层。

25）提前开门：电梯自动运行情况下，停车过程中速度小于0.1m/s，并且在门区信号有效的情况下，通过封门接触器短接门锁信号，然后提前开门，从而使电梯效率达到最高。

26）重复关门：电梯持续关门一定时间后，若门锁尚未闭合，则电梯自动开门，然后重复关门。

27）本层厅外开门：在无其他指令或外召的情况下，若轿厢停靠在某一层站，按下该层站外的召唤按钮后，轿厢门自动打开。

28）关门按钮提前关门：电梯在自动运行模式下，处于开门保持时，可以通过关门按钮提前关门，以提高效率。

29）开关门控制功能选择：系统根据使用的门机种类的区别，可以灵活设置开门到位之后、关门到位之后的是否持续输出指令的模式。

30）保持开门时间分类设定：系统根据设定的时间自动判别召唤开门、指令开门、门保护开门、延时开门等不同的保持开门时间。

31）开门保持操作功能：按开门保持按钮，电梯延时关门，方便货物运输等需求。

32）层楼显示按位设置：系统允许每一层的显示使用0～9，以及字母之中的任意字符排列组合显示，方便特殊状况使用。

33）运行方向滚动显示：电梯运行中，厅外显示板滚动显示运行方向。

34）电梯状态点阵显示：通过点阵模块显示电梯的运行方向、所在层站、电梯状态（例如故障、检修）等情况。

35）跳跃层楼显示：灵活定义厅外显示板显示内容，可以根据需要将显示设置为非连续数据。

36）防捣乱功能：系统自动判别轿厢内的乘客数量，并与轿内登记的指令比较，如果登记了过多的呼梯指令，则系统认为属于捣乱状态，取消所有的轿厢指令，需要重新登记正确的呼梯指令。

37）全集选：在自动状态或司机状态，电梯在运行过程中，在响应轿内指令信号的同时，自动响应厅外上下召唤按钮信号，任何服务层的乘客，都可通过登记上下召唤信号召唤电梯。

38）上集选：在自动状态或司机状态，电梯在运行过程中，在响应轿内指令信号的同时，自动响应厅外上召唤按钮信号。

39）下集选：在自动状态或司机状态，电梯在运行过程中，在响应轿内指令信号的同时，自动响应厅外下召唤按钮信号。

40）分散待梯：只有配有并联、群控系统才能选择该功能。当并联、群控系统中电梯有处于同一层站的情况，并联、群控系统就开始分散待梯运行，将电梯运行至空闲层站。

41）实时时钟管理：系统具有实时时钟芯片，无电源的情况下可以保证2年时钟工作正常。

42）司机换向：司机可通过专门的按钮选择电梯运行方向。

43）副操纵箱操作：在有主操纵箱的同时，还可选配副操纵箱。副操纵箱和主操纵箱一样，也装有指令按钮和开关门按钮，这些按钮和主操纵箱上的按钮的操作功能相同。

44）轿厢到站钟：电梯按照乘客的要求到达目的楼层后，从轿顶板发出提示信号。

45）厅外到站预报灯：电梯到达该楼层后，通过控制板发出厅外到站预报灯。

46）厅外到站钟：电梯到达该楼层后，通过控制板发出厅外到站钟。

47）强迫减速监测功能：系统在自动运行模式下，根据强迫减速开关位置以及开关动作情况来监测、校正电梯轿厢的位置。

48）外召粘连识别：系统可以识别出厅外召唤按钮的粘连情况，自动去除该粘连的召唤，避免电梯由于外召唤按钮的粘连情况而无法关门运行。

49）称重信号补偿：系统可以在高端应用场合中使用称重信号，对电梯的启动进行补偿。

50）平层微调：通过参数的调整，可以对平层精度进行微调。

51）换站停靠：如果电梯在持续开门超过开门时间后，开门限位尚未动作，电梯就会变成关门状态，并在门关闭后，自动登记下一个层站运行。

52）故障历史记录：系统具有 11 个故障记录，包括故障产生的时间与楼层等信息。

53）对地短路检测：系统在第 1 次上电的情况下可以对输出 U、V、W 进行检测，判断是否存在对地短路的情况。

54）超载保护：当电梯内载重超过额定载重时电梯报警，停止运行。

55）门光幕保护：当关门过程中，门的中间有东西阻挡时，光幕保护动作，电梯转为开门。但光幕保护在消防操作时不起作用。

56）门区外不能开门的保护：系统在非门区状态，禁止自动开门。

57）逆向运行保护：系统对旋转编码器的反馈信号方向进行识别，在运行中判断电动机的实际运行方向，一旦为逆向运行则报警提示。

58）防打滑保护：在非检修状态，电梯运行过程中，如果连续运行了设定的时间（最大 45s）后，而且没有平层开关动作过，系统就认为检测到钢丝绳打滑故障，所以就停止轿厢一切运行。

59）接触器触点检测保护：电梯在运行或者停止状态下，检测到接触器的吸合状态异常时，系统自动保护。

60）电机过电流保护：检测到电机的电流大于最大允许值时，系统自动保护。

61）电源过电压保护：检测到电源电压大于最大允许值时，系统自动保护。

62）电机过载保护：检测到电机过载，系统自动保护。

63）编码器故障保护：全系统只使用一个高速编码器来进行闭环矢量控制，如果该编码器发生故障，系统自动停机，杜绝因无法得知编码器故障引起的冲顶蹲底的故障。

64）井道自学习失败诊断：没有正确的井道数据，电梯将不能正常运行，因此在井道自学习未能正确完成时设置了井道自学习失败诊断。

65）驱动模块过热保护：检测到驱动模块过热，系统自动保护。

66）门开关故障保护：当检测到电梯开关门超过设定次数以后仍未有效关门，系统停止开关门并输出故障。

67）运行中门锁断开保护：电梯运行中检测到门锁断开，系统自动保护。

68）限位开关保护：上（下）限位开关动作后电梯禁止向上（下）运行，但是可以向相反方向运行。

69）超速保护：保证轿厢运行时的速度在安全控制范围内，以保证乘客和货物的安全。

70）平层开关故障保护：电梯在自动运行模式下，识别平层信号的粘连与丢失情况。

71）CPU 故障保护：系统具有 3 个 CPU，相互进行状态判断，一旦有异常则进行保护，封锁所有输出。

72）输出接触器异常检测：在抱闸打开之前，通过检测输出电流的情况判断输出接触器是否异常。

73）门锁短接保护：电梯在自动运行模式下，每次开门到位均识别门锁是否存在异常。

思考题

1. 微型计算机由（　　　）和（　　　）两大部分组成。

2. 计算机是通过( )、( )、( )总线把各个部件连接在一起，构成一个系统。

3. 在计算机内部，一切信息的存取，处理和传送都是以( )形式进行。

4. 主要决定微机性能的是( )。

5. 运算器由很多部件组成，其核心部分是( )。

6. 在一般的微处理器中，( )包含在CPU中。

7. 在PLC系统中，CPU是指( )。

8. 电梯进入检修状态，系统取消( )以及( )的操作。按上(下)行按钮可使电梯以( )点动向上(向下)运行。松开按钮电梯立即停止运行。

9. 超载保护：当电梯内载重超过额定载重时电梯报警，停止运行。是否正确？

10. 直接停靠运行：以距离为原则，自动运算生成从启动到停车的平滑曲线，没有爬行，直接停靠在平层位置。是否正确？

11. 全集选：在自动状态或司机状态，电梯在运行过程中，在响应轿内指令信号的同时，自动响应厅外上下召唤按钮信号，任何服务层的乘客，都可通过登记上下召唤信号召唤电梯。是否正确？

12. 重复关门：电梯持续关门一定时间后，若门锁尚未闭合，则电梯自动开门，然后重复关门。是否正确？

13. 门光幕保护：当关门过程中，门的中间有东西阻挡时，光幕保护动作，电梯转为开门。但光幕保护在消防操作时不起作用。是否正确？

14. 逆向运行保护：系统对旋转编码器的反馈信号方向进行识别，在运行中判断电动机的实际运行方向，一旦为逆向运行则报警提示。是否正确？

15. 防打滑保护：在非检修状态，电梯运行过程中，如果连续运行了设定的时间(最大45s)后，而且没有平层开关动作过，系统就认为检测到钢丝绳打滑故障，所以就停止轿厢运行。是否正确？

16. 接触器触点检测保护：电梯在运行或者停止状态下，检测到接触器的吸合状态异常时，系统自动保护。是否正确？

17. 门锁短接保护：电梯在自动运行模式下，每次开门到位均识别门锁是否存在异常。是否正确？

18. 运行中门锁断开保护：电梯运行中检测到门锁断开，系统自动保护。是否正确？

第三章　电梯电气及控制系统

第一节　电梯电气系统

一、电梯安全用电

(一)电流对人体的危害

电流通过人体时，人体各部分的组织和细胞将发生生理和病理的变化，使人体受到刺激和伤害，在严重情况下，这些变化可以使人死亡。电流对人体的影响常出现下列现象：

1. 电击现象

(1) 电流使神经系统产生防护反应(缩回)的轻微刺激。触电者对这种刺激感觉不舒服，引起心慌和惊吓，有时还能使人昏倒。

(2) 电流对人体的刺激使肌肉失去神经控制能力，不能任意伸缩，使触电者自己不能脱离电源，好像被吸住，此时必须尽快使触电者脱离电源。

(3) 电流会使呼吸系统、心脏和脑神经系统受到损伤，在瞬间使呼吸停止。

2. 电伤现象

电流通过人体的表皮或局部时，损伤皮肤或局部肌肉，这种伤害称为电伤。

凡有电弧产生之处，都可能发生电烧伤。如带负荷误操作隔离开关、带电更换熔丝、误触及没有放电的电力电容器、人体距离高压导体太近等。

(二)电梯安全用电措施

1. 直接触电的防护

(1) 绝缘符合标准要求　绝缘是防止发生触电和电气短路的基本措施。要求导体之间和导体对地之间的绝缘电阻必须大于 $1000\Omega/V$，并且动力电路和安全电路不得小于 0.5MΩ；其他照明、控制、信号等电路不得小于 0.25MΩ。

（2）防护等级符合要求　在机房、底坑和轿顶各种电气设备必须有罩壳，所有电线的绝缘外皮必须伸入罩壳，不得有带电的金属裸露在外。罩壳的外壳防护等级应不低于 IP2X，即可防止直径大于 12.5mm 的固体异物进入，也就是手指不能伸入。

（3）电压等级符合要求　对于控制电路和安全电路，导体之间或导体对地之间的直流电压平均值和交流电压有效值均不应大于 250V。

2. 间接触电的防护

间接触电是指人接触正常时不带电，而故障时带电的电气设备外露可导电的部分，如金属外壳、金属线管、线槽等发生的触电。防止间接触电常用的防护措施是将故障时可能带电的电气设备外露可导电部分与供电变压器的中性点进行电气连接，在电气设备发生绝缘损坏和搭壳等故障时，使串在回路中的保护装置动作，切断故障电源，达到防止发生触电的目的。

我国城镇的供电一般都是"TN"系统。"T"即变压器副边的中性点直接接地，"N"即系统内的电气设备外露可导电部分应与中性点直接连接，故均应"接零"。

TN 系统有以下三种形式。

（1）TN-C 系统　如图 3-1 所示，三相四线制的供电系统，由三根相线和一根 PEN 线组成。PEN 线实际是将 N 线（中线）和 PE 线（保护线），合二为一。

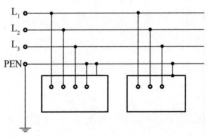

图 3-1　TN-C 系统

当发生设备外露可导电部分带电时，电流从 PEN 线回到变压器中性点，构成故障回路，使串在回路中的保护装置动作，切断故障电源，达到防止发生触电的目的。但 PEN 线在系统三相不平衡和只有单相电气工作时，会有电流通过，并对地呈现一定的电压，该电压将会反馈到正常运行的接 PEN 线的设备外露可导电部分。所以，一般在保护要求不高的场合可以采用 TN-C 系统。

（2）TN-S 系统 如图 3-2 所示，三相五线制的供电系统，由三根相线和一根中线(N)和一根保护线(PE)组成。电气设备外露可导电部分与 PE 线相连接，电气设备工作零线单独连接，正常运行时 PE 线没有电流通过，当发生设备外露可导电部分带电时，电流从 PEN 线回到变压器中性点，构成故障回路，使串在回路中的保护装置动作，切断故障电源，达到防止发生触电的目的，而且在用电设备之前也不可能误安装可使其断开的装置，所以，安全保护性能较好，是现在普遍采用的一种供电方式。

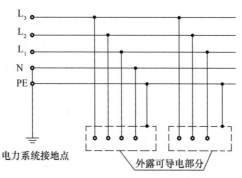

图 3-2 TN-S 系统

（3）TN-C-S 系统 如图 3-3 所示，TN-C-S 系统是上述两者的混合系统。由于我国早期供电大部分是 TN-C 系统，而且供电是区域性的。单独为一两台电梯再加一根 PE 线比较困难时，可以采用 TN-C-S 系统，即在 TN-C 系统进入机房后，在总开关箱处如图所示点将 PEN 线分成 N 线和 PE 线。N

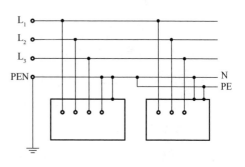

图 3-3 TN-C-S 系统

线供电梯的单相用电设备使用，PE 线连接所有电气设备的外露可导电部分。

电梯应首先采用 TN-S 系统，在有困难时可以采用 TN-C-S 系统，但不能采用 TN-C 系统，更不能在中性点接地的 TN 供电系统中采用单独的接地保护。

（4）PE 线的连接及要求 PE 线的连接不能串联，应将所有电气设备的外露可导电部分单独用 PE 线连接到控制柜或电源的 PE 总接线端子上。PE 线应用黄绿双色导线，截面积一般应等于被保护设备电源线中相线的截面积。PE 线的连接必须可靠，在金属管或线槽的连接处应作电气连接处理，布在线管或线槽以外可能受振动，PE 线需采用绞线，并可靠固定。

二、电梯电气安全装置

为了保证电梯正常可靠的运行，除了设置机械安全装置以外，还必须设置电梯的电气安全装置。

1. 供电系统相序保护

当电梯的供电系统中(三相供电系统)出现断相(即缺相)时，电气安全装置能保护停车。以避免电机过热或烧毁；当电梯供电系统出现错相时(即相序变化)时，电气安全装置也能保护停车，以防止电梯电机反转造成危险。

所以，电梯标准规定：

1) 电梯应具备供电系统断相和错相保护功能，当电梯供电电路出现断相或错相时，电梯应停止运行并保持停止状态；

2) 电梯运行与相序无关，可以不设错相保护功能。

如图 3-4 所示，是一种常见相序保护继电器正面图，端子 L_1、L_2、L_3 为输入端，接三相电源，端子 11、12、14 为输出端，接电梯控制回路。

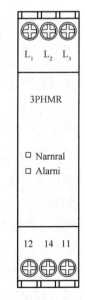

工作原理：当相序保护继电器端子 L_1、L_2、L_3 检测到三相电源断相或错相时，断开常开端子 11 和 14，从而断开电梯控制回路，使电梯不能运行，起到保护作用。

2. 短路及过载保护

1) 短路保护：直接与主电源连接的电动机应进行短路保护。

短路保护一般用自动空气断路器或熔断器。自动空气断路器的额定电流应不小于所有设备的最大工作电流，而被保护电路的单相短路电流应大于断路器的瞬时脱扣电流 1.5 倍。而用熔断器对电动机进行短路保护时，可按电机额定电流的 1.25 倍选取熔体，对照明电路进行保

图 3-4　相序保护继电器

护时可按工作电流的 1.1 倍选取熔体。如图 3-5 所示为两种常见的自动空气断路器。

图 3-5 两种常见的自动空气断路器

2)过载保护：直接与主电源连接的电动机应采用手动复位的自动断路器或热继电器进行过载保护，该断路器应切断电动机所有供电。当对电梯电动机过载的检测是基于电动机绕组的温升时，可以用自动复位的保护装置。

3. 电梯端站电气保护装置

（1）强迫减速开关　电梯电气系统自动监测电梯运行到强迫减速开关时的即时运行速度，若检测到速度或位置异常，则系统以设定的特殊减速度强迫减速，防止电梯冲顶或者蹲底。电梯最多可以设定 3 对强迫减速开关，由井道两端向中间楼层依次安装 1 级、2 级、3 级强迫减速开关，即 1 级强迫减速开关安装在靠近端站的位置。在一般低速电梯中，只有一对强迫减速开关，而高速电梯则可能有两对或三对强迫减速开关。

强迫减速开关安装距离见表 3-1。

表 3-1　　　　　　　　　　　　强迫减速开关安装距离

速度		一级强迫减速开关	二级强迫减速开关	三级强迫减速开关
距离/m	1.5m/s 以下	1.5m		
	2.0m/s>v>1.5m/s	1.5m	3.5m	
	2.0m/s 以上	1.5m	3.5m	5m

（2）限位开关　由上下限位开关组成，当电梯轿厢超越端站平层位置时，限

位开关动作，切断单方向控制电路，使电梯单方向停止运行，起到保护作用。此时电梯仍然可以向安全方向运行，图3-6为端站保护开关示意图。

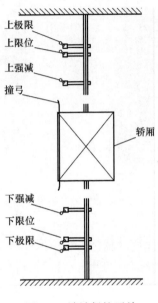

图 3-6　端站保护开关

（3）极限开关　当限位开关动作后电梯仍不能停止运行，则触动极限开关切断电路，使驱动主机和制动器失电，电梯停止运转。极限开关动作后应能防止电梯在两个方向的运行，而且不经过专职人员调整，电梯不能自动恢复运行。极限开关的安装位置如图3-6所示。

极限开关安装的位置应尽量接近端站，但必须确保与限位开关不联动，而且必须在对重（或轿厢）接触缓冲器之前动作，并且在缓冲器被压缩期间保持动作状态。

极限开关和限位开关必须符合电气安全触点要求，不能用普通的行程开关和磁开关、干簧管开关等传感器装置。

4. 越程安全保护

电梯在井道底坑缓冲器上装有越程开关。当电梯极限开关动作后仍继续运行，使缓冲器动作，同时缓冲器开关动作，切断电梯控制回路，实现保护。一般用在速度1m/s以上的液压缓冲器的电梯上使用。

缓冲器的越程开关应为非自动复位开关，必须符合电气安全触点要求。

5. 厅门锁和轿门锁电气联锁装置

电梯的厅门和轿门都安装有电气门锁装置，每层厅门和轿门门锁的触点采用串联方式连接，当其中有一扇门未关闭时，电梯门锁回路不接通，电梯不能运行。

6. 超速及断绳保护

限速器装置装有联动电气开关，即限速器上的超速开关和胀绳装置上的断绳开关。当电梯超速时超速开关动作，切断控制电路，断开驱动主机电源和制动器电源。若电梯继续下落，安全钳动作，卡住导轨，使轿厢制停。若限速器钢丝绳断裂或过长时，断绳开关动作，切断控制电路，使电梯停止运行。

7. 超载保护

电梯一般都装有超载保护装置，当电梯超过额定载重时，装置动作，发出声光报警信号，使电梯不能关门，若正在关门中则停止关门转为开门，直至超载信号解除。

超载保护装置种类很多，常见的有利用杠杆原理的开关形式和利用传感器配电子线路构成控制器形式。

安装位置根据超载保护装置的形式，一般安装在轿厢底部或安装在轿厢顶部或绳头板处。如图 3-7 是模拟量称重传感器安装图。

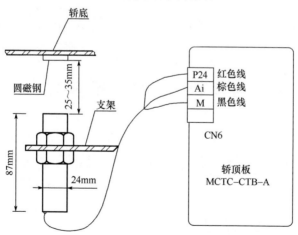

图 3-7　模拟量称重装置安装图

8. 防夹安全保护装置

在电梯上都装有自动开关门机构，在轿厢门和厅门之间装有防止夹人安全保护装置，当电梯关门时，如有人或物阻碍关门时，安全保护装置动作，停止关门，立即转为开门，直至阻碍撤销。

安全保护装置常见有机械触板形式和光电（光幕）形式的，机械安全触板是在两侧触板上安装有电气开关，当触板动作时使电气开关被触动，触板开关动作信号发送给门机控制器和主控制器，使电梯停止关门转为开门。光幕触板是当安装在轿门两侧的光幕被遮挡时，光幕控制器会发出信号给门机控制器和主控制器，使电梯停止关门转为开门，起到防夹安全保护作用。

9. 停止装置

根据标准要求，电梯应设置停止装置，用于停止电梯并使电梯包括动力驱动的门保持在非服务的状态。

停止装置设置在：

1）底坑，且该装置应在打开门去底坑时和在底坑地面上容易接近；

2）滑轮间内部，靠近入口处；

3）轿顶，距检修或维护人员各个入口不大于1m的易接近位置。如果检修运行控制装置距入口不大于1m，该装置可以是设在检修运行控制装置上的停止装置。

停止装置应是电气安全装置，它应为双稳态的，误动作不能使电梯恢复运行。

第二节　电梯控制系统

电梯的电气控制是对各种指令信号，位置信号，速度信号和安全信号进行管理，并对拖动装置和开门机构发出方向、启动、加速、减速、停车和开关门信号，使电梯按要求运行或处于保护状态，并发出相应的显示信号。

一、电梯控制系统类型

1. 继电器控制

这种控制方式原理简明易懂，线路直观，易于掌握。继电器通过触点断合进行逻辑判断和运算，从而控制电梯运行。由于触点易受电弧损害，寿命短，因而继电器控制电梯的故障率较高，维修工作量大、设备体积大、动作慢、控制功能少、接线复杂、通用性和灵活性差等缺点，目前已经被淘汰。

2. 可编程序控制器(PLC)控制

PLC由于编程简单方便，易懂好学，可靠性高，抗干扰能力强，维护检查方便等优点，被广泛应用于工控领域，如数控车床、电梯及自动扶梯和人行道。由于PLC采用循环扫描方式，同微机比较在实时控制方面和控制灵活性方面还不如微机的运算速度。所以常常在低速电梯、自动扶梯和人行道上使用。

3. 微机控制

微机控制电梯具有使用性能好、可靠性高、控制灵活等优点被广泛应用在电梯控制领域。

二、电梯控制系统主要装置

电梯电气控制系统，从结构上可以分为以下几部分。

1. 操纵箱

一般安装在轿厢内，常见的有按钮操作形式和手柄开关形式，它是操纵电梯上下运行的控制中心。操纵箱(图3-8)的结构形式以及所包括的电气元件种类数量与电梯的控制方式、停站层数有关。常用电气元件有以下几种：

1) 控制电梯工作状态的钥匙开关(或手柄开关)，如"自动""检修""司机"等运行状态控制；

2) 轿厢指令按钮和指令按钮灯；

3) 开关门按钮；

4) 照明、风扇开关；

5) 警铃按钮；

6) 对讲装置；

7) 应急灯；

8) 层楼显示器。

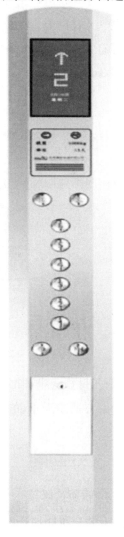

图 3-8 操纵箱

2. 呼梯盒

呼梯盒安装在候梯厅门口，是厅外乘用人员召唤电梯的装置。带有层楼显示器，上下端站分别安装下召唤和上召唤按钮装置，中间层站安装上下行按钮装置，基站还设有控制电梯钥匙开关，如图 3-9 所示。

3. 控制柜

控制柜是电梯实现各种控制功能的主要装置，安装在机房内。控制柜中安装的电气元件种类、数量、规格与电梯的停站层数、运行速度、控制方式、额定载荷等有关。控制板、驱动器、继电器、接触器和电源等装置均安装在控制柜中。如图 3-10 所示。

图 3-9　呼梯盒　　　　　　　　图 3-10　控制柜

4. 轿顶检修箱

安装在轿厢顶，内有控制电梯慢上、慢下按钮，急停按钮，轿顶检修开关，轿顶照明开关和轿顶控制板等装置如图 3-11 所示。

图 3-11　轿顶检修箱

三、电梯电气控制系统基本电路

1. 控制系统电源回路

电梯控制系统中各元件要求的供电电压和功率都不同，所以控制系统应配备相应的控制电源回路，如图 3-12 所示。

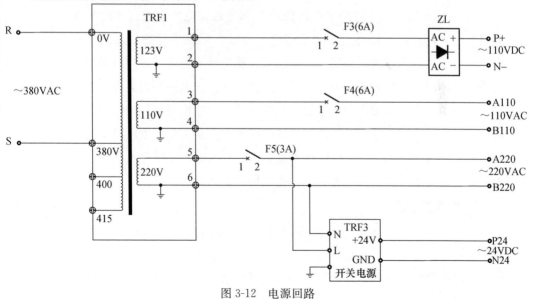

图 3-12　电源回路

TRF1——控制变压器　ZL——整流桥　TRF3——开关电源　F3/F4/F5——断路器

控制变压器 TRF1 输入端为 380V，输出端 123V，经断路器 F3，再通过整流桥 ZL 整流输出 DC110V 直流电，供电梯抱闸回路和直流接触器线圈使用。输出端 110V，经断路器 F4 输出 AC110V 交流电，供安全回路、门锁回路和交流接触器线圈使用。输出端 220V，经断路器 F5 输出 220V 交流电，为门机和光幕提供电源，同时给开关电源 TRF3 提供输入电源，开关电源 TRF3 输出 DC24V 直流电，为轿顶板、轿厢板和通信提供电源。

2. 安全保护回路

电梯的安全回路和门锁回路有效导通是电梯正常运行的必要条件之一，只有安全回路和门锁回路有效导通且无其他故障时电梯才能运行。图 3-13 为安全回路和门锁回路。

1）安全回路组成：常见的由 AC110V 电源、相序保护继电器触点、控制柜急停按钮触点、夹绳器开关触点、轿顶急停按钮触点、安全钳开关触点、限速器开关触点、上限位开关触点、下限位开关触点、轿厢缓冲器开关触点、对重缓冲器开关触点、限速器断绳开关触点、底坑急停开关触点串联接至电梯主控板和门锁回路。

2）门锁回路组成：由安全回路电源（线号 A131）、首层厅门锁触点、2 层厅门锁触点、……顶层厅门门锁触点、轿门门锁触点串联接至主控板。

3）工作原理：安全回路串接的触点全部导通时电梯主控板才能检测的安全回路信号，同时硬件回路门锁才能得电。若安全回路串接的触点其中有一个断路，则电梯主控板检测不到安全回路信号，使电梯不能运行，同时输出故障显示代码，硬件门锁回路不能得电，接触器无法吸合，使电梯不能运行。

门锁回路串接的触点全部导通时电梯主控板才能检测到门锁回路信号，同时硬件接触器回路才能得电。若门锁回路串接的触点其中有一个断路，则电梯主控板检测不到门锁回路信号，使电梯不能运行，同时输出故障显示代码，硬件接触器回路不能得电，接触器无法吸合，使电梯不能运行。

3. 电梯主控回路

如图 3-14 是一种典型一体机控制器形式的电梯主控回路电路图，所谓一体机控制器，是将电梯主控板和电梯驱动装置（即变频器）合理安装在一个控制盒内，主控板和电梯驱动装置之间采用内部排线连接方式，降低了外部接线数量，提高了系统抗干扰能力，现在被广泛应用在电梯领域。

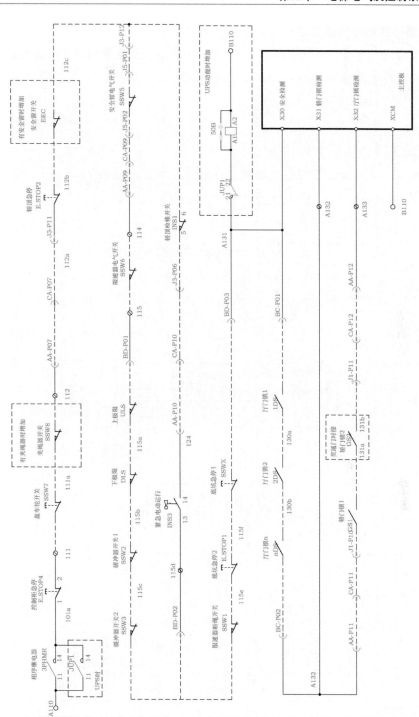

图3-13　安全回路和门锁回路

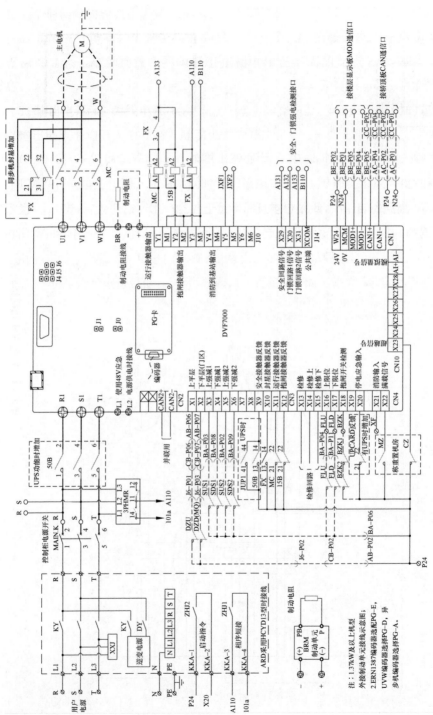

图3-14 电梯主控回路图

（1）主驱动回路　输入 380V 50Hz 三相交流电压，经电源接触器 50B 的触点、空气开关 MAIN.K、接到一体机 DVF7000 输入端 R1、S1、T1；一体机 DVF7000 输出端 U1、V1、W1，经运行接触器 MC 的触点、接到电机接线端。DVF7000 输出的三相交流电是可以调节电压和频率的。

电机轴端安装有速度反馈装置（即编码器），同电机同步运转，将速度信号通过 PG 卡反馈给主控板，实现闭环控制。

由于电梯属于位能性负载，电机经常处在制动状态，所以系统还要配备制动电阻 BR，将电梯制动时产生的能量，通过制动电阻消耗掉。

（2）主控板回路

X1～X28 为数字量输入端，其功能可由参数设定，通常设定如下：

X1——上平层常开输入

X2——下平层常开输入

X3——上 1 级强迫减速常闭输入

X4——下 1 级强迫减速常闭输入

X5——上 2 级强迫减速常闭输入

X6——下 2 级强迫减速常闭输入

X7——上 3 级强迫减速常闭输入

X8——下 3 级强迫减速常闭输入

X9——安全接触器反馈常开输入

X10——封星接触器反馈常开输入

X11——运行接触器反馈常闭输入

X12——抱闸接触器反馈常闭输入

X13——检修信号常闭输入

X14——检修上行常开输入

X15——检修下行常开输入

X16——上限位常闭输入

X17——下限位常闭输入

X18——抱闸检测常闭输入

X20——停电应急常闭输入

X21——消防输入

X22——满载常开输入

X23——超载常闭输入

X29——安全回路信号

X30——门锁回路 1 信号

X31——门锁回路 2 信号

Y1～Y6 为输出端，其功能可由参数设定，通常设定如下：

Y1——运行接触器输出

Y2——抱闸接触器输出

Y3——封星接触器输出

Y5——消防到基站输出

24V——外部 DC24V 电源输入

COM——外部 DC24V 电源输入

MOD+——Modbus 通信端子

MOD-——Modbus 通信端子

CAN+——CAN 总线通信端子

CAN-——CAN 总线通信端子

4. 轿顶板控制电路

轿顶板是电梯轿厢的控制板。它包括八个数字信号输入、一个模拟电压信号输入、八个继电器常开信号输出、一个继电器常闭信号输出，同时带有与指令板有通信功能的两个数字信号输入输出端子，拥有与主控板进行 Canbus 通信和与轿内显示控制板进行 Modbus 通信的端子，以及支持与上位机进行通信的 RS232 通信模式。它是电梯一体化控制器中信号采集和控制信号输出的重要中转站。如图 3-15 轿顶板控制回路图。

端子说明：

24V——外接+24V 电源

COM——外接电源公共端

P24——+24V 电源作为数字输入、模拟输入公共端

X1——光幕 1

X2——光幕 2

X3——开门限位 1

X4——开门限位 2

X5——关门到位 1

X6——关门到位 2

X7——满载信号(100%)

X8——超载信号(110%)

Ai-M——模拟输入，称重信号输入 DC：0～10V

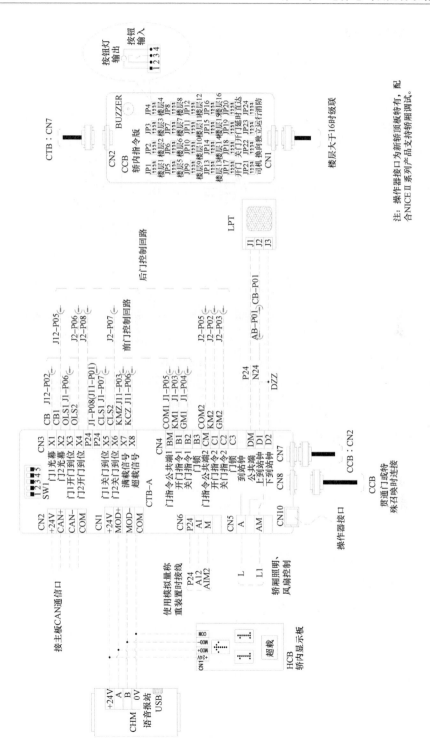

图3-15 轿顶板控制回路

5. 门机控制电路

如图 3-16 是目前常见的门机控制电路。

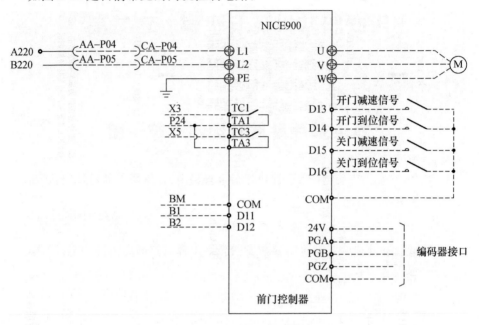

图 3-16 门机控制电路

L1、L2——单相电源输入端子交流单相 220 V 电源输入端子

U、V、W——控制器输出驱动端子连接三相电动机

DI1——开门指令

DI2——关门指令

TC1——开门到位信号

TC3——关门到位信号

6. 指令板电路

如图 3-17 指令板电路，指令板 MCTC-CCB-A 是电梯一体化控制器中与轿顶板 CTB 配套的指令板。主要功能是按钮指令的采集和按钮指令灯的输出。通过级连方式可以实现 31 层站的使用需求，并可通过并联实现电梯轿厢内主、副操纵盘的使用需求。

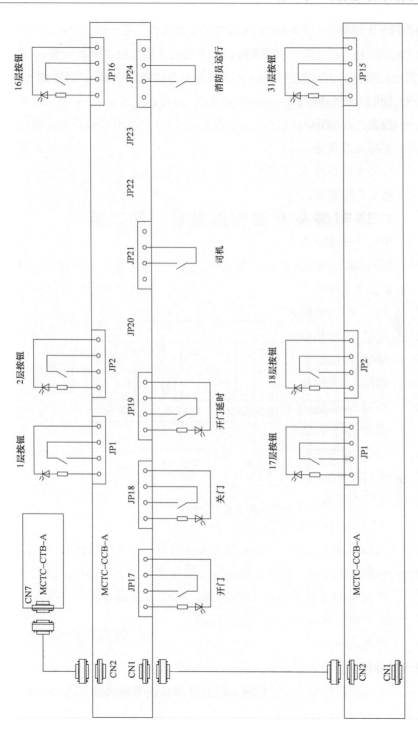

图3-17　指令板电路图

指令板的上下端都有一个采用 9PIN 器件的连接接口，用于和轿顶板通讯以及两块指令板之间的级连。通过端子和轿顶板 CTB 连接起来指令板包含 24 个输入 20 个输出接口，其中包括 16 个层楼按钮接口，以及其他 8 个功能信号接口。具体如下：

JP1——楼层 1 按钮输入

JP2——楼层 2 按钮输入

JP3——楼层 3 按钮输入

JP4——楼层 4 按钮输入

JP5——楼层 5 按钮输入

JP6——楼层 6 按钮输入

JP7——楼层 7 按钮输入

JP8——楼层 8 按钮输入

JP9——楼层 9 按钮输入

JP10——楼层 10 按钮输入

JP11——楼层 11 按钮输入

JP12——楼层 12 按钮输入

JP13——楼层 13 按钮输入

JP14——楼层 14 按钮输入

JP15——楼层 15 按钮输入

JP16——楼层 16 按钮输入

JP17——开门按钮输入

JP18——关门按钮输入

JP19——开门延时按钮输入

JP20——直达输入

JP21——司机输入

JP22——换向输入

JP23——独立运行输入

JP24——消防员输入

7. 外召唤电路

用于在厅外显示层楼信号、处理呼梯信号、锁梯信号和消防信号等。外召唤电路如图 3-18。

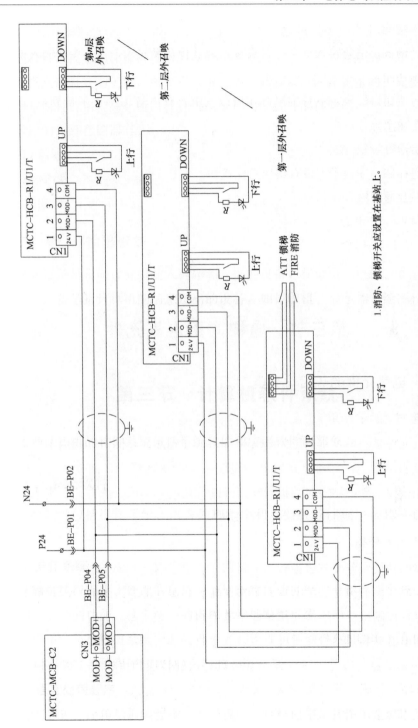

图3-18　外召唤电路图

输入功能：

锁梯输入、消防输入、上行召唤输入、下行召唤输入，一共4个输入点。

输出功能：

上行按钮灯输出、下行按钮灯输出以及上行到站灯输出和下行到站灯输出，一共4个输出点。

楼层地址设置方式：

按钮存储，在板子上设有楼层存储按钮。

电源及通信输入端子：

1，4脚——电源

2，3脚——通信

第三节　电梯常用电气元件

一、电气元件的作用与分类

1. 电气元件的作用

电气元件是一种控制电能的电气设备。电气元件在电梯中广泛用于电力拖动和信号控制设备中，如通过接触器对曳引机电动机的启动、制动、正、反转运行；使用按钮、继电器等对呼梯召唤信号进行登记、显示、消号；采用热继电器或电流继电器对电动机进行过载过流保护等。

2. 电器的分类

电器的种类及分类方法很多，通常将工作在交流1200V或直流1500V以下电路中的电气设备称为低压电器，工作在高于上述电压电路的电气设备称为高压电器。电梯控制系统中使用的都是低压电器。

低压电器根据其动作性质可分为以下几种：

1）手动电器：通过手或杠杆，直接拨动或旋转操作手柄来完成接通、分断电路等作用，如闸刀开关及转换开关等。

2）自动电器：给电器的操作结构输入一个信号，通过电磁力来完成接通、分断等动作，如继电器、接触器等。

电梯信号控制和拖动控制系统所使用的电器均属于工业用电压电器，其中既有手动电器，也有自动电器。

二、电梯常用控制电器结构原理与性能参数

(一)交流接触器

接触器是用来接通或切断电动机或其他负载主回路的一种控制电器。在电梯中，它作为执行元件频繁地控制曳引机电机的启动、运转和停止。

接触器按其所控制的电流种类分为交流接触器和直流接触器。

接触器的基本参数有主触点的额定电流、触点数量、主触点允许切断电流、线圈电压、操作频率、动作时间等。

1. 接触器的结构与动作原理

（1）结构　一般接触器的基本结构由下列几部分组成：电磁机构，主触点与灭弧装置，释放弹簧或缓冲装置，辅助触点，支架与底座。如图 3-19 所示。

1)电磁机构：用来操作触点的闭合和分断，它由静铁心、线圈和衔铁三部分组成。交流接触器的电磁系统有两种基本类型，即衔铁做绕轴运动的拍合式电磁系统和衔铁做直线运动的直线运动式电磁系统。交流电磁铁的线圈一般采用电压线圈(直接并联在电源电压上的具有较高阻抗的线圈)通以单相交流电，为减少交变磁场在铁心中产生的涡流与磁滞损耗，防止铁心过热，其铁心一般用硅钢片叠铆而成。因交流接触器励磁线圈电阻较小(主要由感抗限制线圈电流)，故铜损引起的发热不多，为了增加铁心的散热面积，线圈一般做成短而粗的圆筒形。

2)主触点和灭弧系统：主触点用以通断电流较大的主电流，一般由接触面积较大的常开触点组成。交流接触器在分断大电流电路时，往往会在动、静触点之间产生很强的电弧，因此，容量较大(20A 以上)的交流接触器均装有息弧罩，有的还有栅片或磁吹熄弧装置。

3)辅助触点：辅助触点用以通断小电流的控制电路，它由常开触点和常闭触点成对组成。辅助触点不装设灭弧装置，所以它不能用来分合主电路。

4)反力装置：由释放弹簧和触点弹簧组成，且它们均不能进行弹簧松紧的调节。

5)支架和底座：用于接触器的固定和安装。

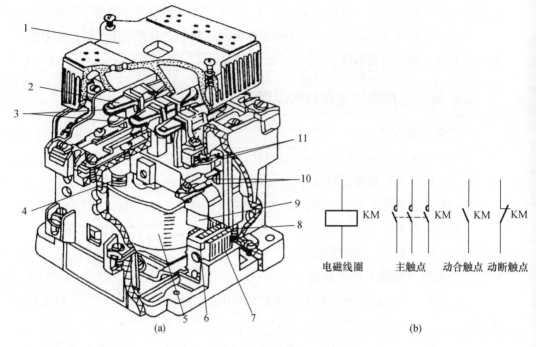

图 3-19　交流接触器外形和文字图形符号

(a)外形　(b)符号

1—灭弧罩　2—触点压力弹簧片　3—主触点　4—反作用弹簧　5—线圈

6—短路环　7—静铁心　8—弹簧　9—动铁心　10—辅助动合触点　11—辅助动断触点

（2）交流接触器的动作原理　当交流接触器线圈通电后，在铁心中产生磁通，由此在衔铁气隙处产生吸力，使衔铁产生闭合动作，主触点在衔铁的带动下也闭合，于是接通了主电路。同时衔铁还带动辅助触点动作，使原来打开的辅助触点闭合，并使原来闭合的辅助触点打开。当线圈断电或电压显著降低时，吸力消失或减弱，衔铁在释放弹簧的作用下打开，主、副触点又恢复到原来状态。

2. 接触器的型号含义

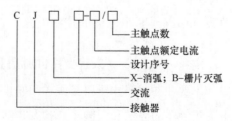

目前我国常用的交流接触器主要有 CJ20、CJXI、CJXZ、CJ12 和 CJ10 等系列，引进产品应用较多的有德国 BBC 公司的 B 系列、德国 SIEMENS 公司的 3TB 系列、法国 TE 公司的 LCI 系列等。

3. 交流接触器的选择

1）接触器的类型选择：根据接触器所控制的负载性质来选择接触器的类型。

2）额定电压的选择接：触器的额定电压应大于或等于负载回路的电压。

3）额定电流的选择接：触器的额定电流应大于或等于被控回路的额定电流。

(二)继电器

继电器是一种根据某种物理量的变化，使其自身的执行机构动作的电器。它由输入电路(又称感应元件)和输出电路(又称执行元件)组成，执行元件触点通常接在控制电路中。当感应元件中的输入量(如电流、电压、温度、压力等)变化到某一定值时继电器动作，执行元件便接通或断开控制电路，以达到控制或保护的目的。

继电器的种类很多，主要按以下方法分类：

1）按用途分：控制继电器、保护继电器等；

2）按动作原理分：电磁式继电器、感应式继电器、热继电器、机械式继电器、电动式继电器、电子式继电器等；

3）按动作信号分：电流继电器、电压继电器、时间继电器、速度继电器、温度继电器、压力继电器等；

4）按动作时间分：瞬时继电器、延时继电器。

1. 热继电器

电动机在实际运行中常遇到过载情况。若电动机过载不大，时间较短，电动机绕组不超过允许温升，这种过载是允许的。但若过载时间长，过载电流大，电动机绕组的温升就会超过允许值，使电动机绕组绝缘老化，缩短电动机的使用寿命，严重时甚至会使电动机绕组烧毁。所以，这种过载是电动机不能承受的。热继电器就是利用电流的热效应原理，在出现电动机不能承受的过载时切断电动机电路，为电动机提供过载保护的保护电器。热继电器可以根据过载电流的大小自动调整动作时间，具有反时限保护特性。即过载电流大，动作时间短，过载电流小，动作时间长，当电动机的工作电流为额定电流时，热继电器应长期不动作。

热继电器主要用于电动机的过载保护、断相保护、电流不平衡运行的保护及其他电气设备发热状态的控制。

(1) 热继电器的外形结构及符号　热继电器的外形结构如图 3-20(a)所示，图 3-20(b)为热继电器的图形符号，其文字符号为 FR。

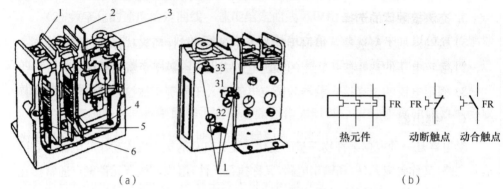

(a)　　　　　　　　　　　　　　　　　　　(b)

图 3-20　热继电器外形结构及符号

(a)外形结构　(b)符号

1—接线柱　2—复位按钮　3—调节旋钮　4—动断触点　5—动作机构　6—热元件

(2)热继电器的动作原理　热继电器动作原理示意图，如图 3-21 所示。

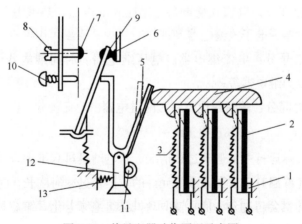

图 3-21　热继电器动作原理示意图

1—推杆　2—主双金属片　3—加热元件　4—导板　5—补偿双金属片　6、7—静触点
8—复位调节螺钉　9—动触点　10—复位按钮　11—调节旋钮　12—支撑件　13—弹簧

使用时，将热继电器的三相热元件分别串接在电动机的三相主电路中，动断触点串接在控制电路的接触器线圈回路中。当电动机过载时，流过电阻丝(热元件)的电流增大，电阻丝产生的热量使金属片弯曲，经过一定时间后，弯曲位移

增大，推动导板移动，使其动断触点断开，动合触点闭合，使接触器线圈断电，接触器触点断开，将电源切除，起过载保护作用。

（3）热继电器的型号含义　JR16、JR20系列是目前广泛应用的热继电器，其型号含义如下：

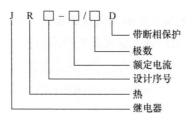

（4）热继电器的选用　选用热继电器主要应考虑的因素有：额定电流或热元件的整定电流要求应大于被保护电路或设备的正常工作电流。作为电动机保护时，要考虑其型号、规格和特性、正常启动时的启动时间和启动电流、负载的性质等。在接线上对星形连接的电动机，可选两相或三相结构的热继电器，对三角形连接的电动机，应选择带断相保护的热继电器。所选用的热继电器的整定电流通常与电动机的额定电流相等。

总之，选用热继电器要注意下列几点：

1）先由电动机额定电压和额定电流计算出热元件的电流范围，然后选型号及电流等级。

例如：电动机额定电流 $I_N = 14.7A$，可选 JR0-40 型热继电器，因其热元件电流 $I_R = 16A$。

工作时将热元件的动作电流整定在 14.7A。

2）要根据热继电器与电动机的安装条件和环境的不同，将热元件的电流做适当调整。如高温场合，热源间的电流应放大 1.05~1.20 倍。

3）设计成套电气装置时，热继电器应尽量远离发热电器。

4）通过热继电器的电流与整定电流之比称为整定电流倍数。其值越大发热越快，动作时间越短。

5）对于点动、重载启动、频繁正反转及带反接制动等运行的电动机，一般不用热继电器作过载保护。

2. 时间继电器

继电器感受部分在感受外界信号后，经过一段时间才能使执行部分动作的继电器，称为时间继电器。即当吸引线圈通电或断电以后，其触头经过一定延时以后再动作，以控制电路的接通或分断。它被广泛用来控制生产过程中按时间原则制定的工艺程序，如作为绕线式异步电动机启动时切断转子电阻的加速继电器，笼型电动机Y/△启动等。

（1）时间继电器的型号含义　型号含义如下：

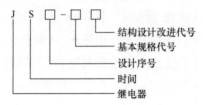

时间继电器的种类很多，主要有电磁式、空气阻尼式、电动式、电子式等几大类。延时方式有通电延时和断电延时两种。这里主要介绍空气阻尼式时间继电器。

（2）空气阻尼式时间继电器的外形结构及符号　空气阻尼式时间继电器的外形结构如图 3-22（a）所示。图 3-22（b）为时间继电器的图形符号，其文字符号为 KT。

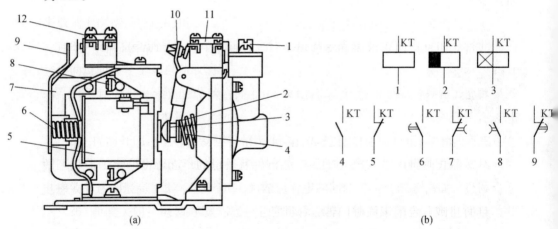

图 3-22　时间继电器外形结构及符号

（a）外形结构　（b）符号

（a）1—调节螺丝　2—推板　3—推杆　4—宝塔弹簧　5—电磁线圈　6—反作用弹簧

7—衔铁　8—铁心　9—弹簧片　10—杠杆　11—延时触点　12—瞬时触点

（b）1—线圈一般符号　2—断电延时型线圈　3—通电延时型线圈　4—瞬时动合触点　5—瞬时断触点

6—延时闭合动合触点　7—延时断开动断触点　8—延时断开动合触点　9—延时闭合动断触点

（3）动作原理　图 3-23 所示为 JS7－A 系列时间继电器的结构示意图。

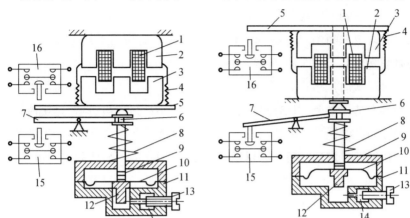

图 3-23　时间继电器结构示意图

（a）通电延时型　（b）断电延时型

1—线圈　2—铁心　3—衔铁　4—复位弹簧　5—推板　6—活塞杆　7—杠杆　8—塔形弹簧

9—弱弹簧　10—橡皮模　11—空气室壁　12—活塞　13—调节螺杆　14—进气孔　15、16—微动开关

　　空气阻尼式时间继电器又称气囊式时间继电器，它是利用空气阻尼作用达到延时目的的。它由电磁机构、延时机构和触点组成。空气阻尼式时间继电器的电磁机构有交流、直流两种。延时方式有通电延时型和断电延时型（改变电磁机构位置，将电磁机构翻转 180°安装）。当动铁心（衔铁）位于静铁心和延时机构之间位置时为通电延时型，当静铁心位于动铁心和延时机构之间位置时为断电延时型。

　　现以通电延时型为例说明其工作原理。当线圈 1 得电后衔铁（动铁心）3 吸合，活塞杆 6 在塔形弹簧 8 的作用下带动活塞 12 及橡皮膜 10 向上移动，橡皮膜下方空气室变得稀薄，形成负压，活塞杆只能缓慢移动，其移动速度由进气孔气息大小来决定。经一段延时后活塞杆通过 7 压动微动开关 15，使其触点动作，起到通电延时的作用。当线圈断电时，衔铁释放，橡皮膜下方空气室内的空气通过活塞肩部所形成的单向阀迅速地排出，使活塞杆、杠杆、微动开关等迅速复位。当线圈得电到触点动作的一段时间即为时间继电器的延时时间，其大小可以通过调节螺钉 13 调节进气孔气隙大小来改变。

　　断电延时型的结构、工作原理与通电延时型相似，只是电磁铁安装方向不同，即当衔铁吸合时推动活塞复位，排出空气。当衔铁释放时活塞杆在弹簧作用下使活塞向下移动，实现断电延时。

在线圈通电和断电时，微动开关16在推板5的作用下都能瞬时动作，其触点即为时间继电器的瞬时动触点。

空气阻尼式时间继电器延时时间有0.4～180s和0.4～60s两种规格，具有延时范围宽、结构简单、工作可靠、价格低廉、寿命长等优点，是交流控制线路中常用的时间继电器。它的缺点是延时误差大（±10％～±20％），无调节刻度指示，难以精确地整定延时值。在对延时精度要求高的场合，不宜使用这种时间继电器。

(三)主令电器

主令电器是用来发布命令、改变控制系统工作状态的电器，它可以直接作用于控制电路，也可以通过电磁式电器的转换对电路实现控制，其主要类型有控制按钮、行程开关、接近开关、万能转换开关、凸轮控制器等。

1. 控制按钮

控制按钮是一种典型的主令电器，其作用通常是用来短时间地接通或断开小电流的控制电路，从而控制电动机或其他电器设备的运行。

（1）控制按钮的结构与符号　常用控制按钮的外形结构与符号如图 3-24 所示。

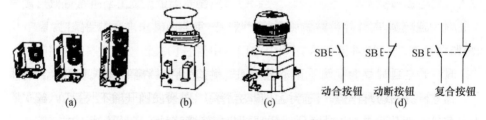

(a)   (b)   (c)   动合按钮　动断按钮　复合按钮
                                                          (d)

图 3-24　控制按钮及符号

(a)LA10 系列按钮　(b)LA18 系列按钮　(c)LA19 系列按钮　(d)符号

典型控制按钮的内部结构如图 3-25 所示。

（2）控制按钮的种类及动作原理

1）按结构形式分

①旋钮式——用手动旋钮进行操作。

②指示灯式——按钮内装入信号灯显示信号。

③紧急式——装有蘑菇形钮帽，以示紧急动作。

2) 按触点形式分

①动合按钮——外力未作用时（手未按下），触点是断开的，外力作用时，触点闭合，但外力消失后，在复位弹簧作用下自动恢复原来的断开状态。

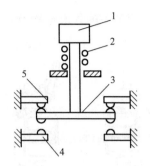

图 3-25 控制按钮内部结构

1—按钮帽 2—复位弹簧 3—桥式触头

4—常开触头或动合触头 5—常闭触头或动断触头

②动断按钮——外力未作用时（手未按下），触点是闭合的，外力作用时，但外力消失后在复位弹簧作用下恢复原来的闭合状态。

③复合按钮——既有动合按钮，又有动断按钮的按钮组，称为复合按钮。按下复合按钮时，所有的触点都改变状态，即动合触点要闭合，动断触点要断开。但是，两对触点的变化是有先后次序的，按下按钮时，动断触点先断开，动合触点后闭合；松开按钮时，动合触点先复位，动断触点后复位。

（3）控制按钮的型号含义 按钮开关型号表示方法及含义为：

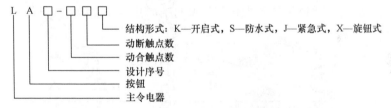

2. 行程开关

某些生产机械的运动状态的转换，是靠部件运行到一定位置时由行程开关发出信号进行自动控制的。例如，行车运动到终端位置自动停车，工作台在指定区域内的自动往返移动，都是由运动部件运动的位置或行程来控制的，这种控制称为行程控制。

行程控制是以行程开关代替按钮用以实现对电动机的启动和停止控制，可分为限位断电、限位通电和自动往复循环等控制。

（1）行程开关的外形结构及符号　机械式行程开关的外形结构如图 3-26（a）所示，图 3-26（b）为行程开关的图形符号，其文字符号为 SQ。

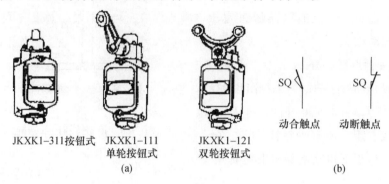

JKXK1-311按钮式　　JKXK1-111　　JKXK1-121
　　　　　　　　　单轮按钮式　　双轮按钮式
　　　　　　　　　　　（a）

SQ　　　　　SQ

动合触点　　动断触点

（b）

图 3-26　行程开关

（a）外形图　（b）符号

（2）行程开关的工作原理　行程开关的工作原理为：当生产机械的运动部件到达某一位置时，运动部件上的挡块碰压行程开关的操作头，使行程开关的触头改变状态，对控制电路发出接通、断开或变换某些控制电路的指令，以达到设定的控制要求。图 3-27 是行程开关的动作原理图。

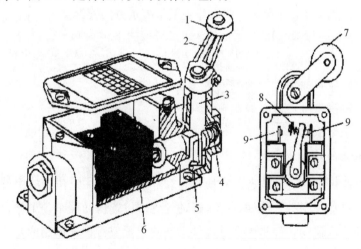

图 3-27　行程开关动作原理图

1、7—滚轮　2—杠杆　3—轴　4—复位弹簧　5—撞块　6—微动开关　8—动触头　9—静触头

（3）行程开关的型号含义　行程开关的型号含义如下：

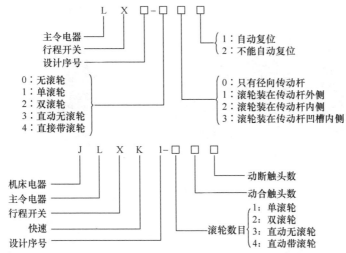

(四)熔断器

熔断器是一种广泛应用的简单而有效的保护电器。在使用中，熔断器中的熔体（也称为保险丝）串联在被保护的电路中，当该电路发生过载或短路故障时，如果通过熔体的电流达到或超过了某一值，则在熔体上产生的热量便会使其温度升高到熔体的熔点，导致熔体自行熔断，达到保护的目的。

1. 熔断器的结构与工作原理

熔断器主要由熔体和安装熔体的熔管或熔座两部分组成。熔体由熔点较低的材料如铅、锌、锡及铅锡合金做成丝状或片状。熔管是熔体的保护外壳，由陶瓷、绝缘刚纸或玻璃纤维制成，在熔体熔断时兼起灭弧作用。

熔断器熔体中的电流为熔体的额定电流时，熔体长期不熔断；当电路发生严重过载时，熔体在较短时间内熔断；当电路发生短路时，熔体能在瞬间熔断。熔体的这个特性称为反时限保护特性，即电流为额定值时长期不熔断，过载电流或短路电流越大，熔断时间越短。由于熔断器对过载反应不灵敏，不宜用于过载保护，主要用于短路保护。

常用的熔断器有瓷插式熔断器和螺旋式熔断器两种，它们的外形结构和符号如图 3-28 所示。

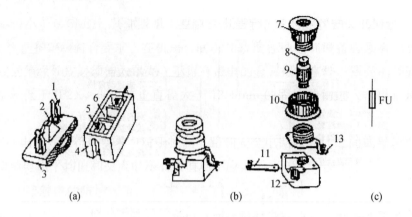

图 3-28 熔断器外形结构及符号

(a)瓷插式熔断器 (b)螺旋式熔断器 (c)符号

1—动触片 2—熔体 3—瓷盖 4—瓷底 5—静触点 6—灭弧室 7—瓷帽

8—小红点标志 9—熔断管 10—瓷套 11—下接线端 12—瓷底座 13—上接线端

2. 熔断器的选择

熔断器的选择主要是选择熔断器的种类、额定电压、额定电流和熔体的额定电流等。熔断器的种类主要由电气控制系统整体设计时确定，熔断器的额定电压应大于或等于实际电路的工作电压，因此确定熔体电流是选择熔断器的主要任务，具体有下列几条原则：

(1) 电路上、下两级都装设熔断器时，为使两级保护相互配合良好，两极熔体额定电流的比值不小于 1.6∶1。

(2) 对于照明线路或电阻炉等没有冲击性电流的负载，熔体的额定电流应大于或等于电路的工作电流(I_e)，即 $I_{fN} \geq I_e$。

(3) 保护一台异步电动机时，考虑电动机冲击电流的影响，熔体的额定电流按下式计算：$I_{fN} \geq (1.5-2.5)I_N$。

(4) 保护多台异步电动机时，若各台电动机不同时启动，则应按下式计算：

$$I_{fN} \geq (1.5-2.5)I_{Nmax} + \sum I_N$$

式中 I_{Nmax}——容量最大的一台电动机的额定电流

   $\sum I_N$——其余电动机额定电流的总和

三、常用电气元件图形符号

常用电气元件图形文字符号见表3-2。

表 3-2　　　　　　　常用元件图形符号、文字符号一览表

类别	名称	图形符号	文字符号	类别	名称	图形符号	文字符号
开关	单极控制开关		SA	位置开关	常开触头		SQ
	手动开关一般符号		SA		常闭触头		SQ
	三极控制开关		QS		复合触头		SQ
	三极隔离开关		QS	按钮	常开按钮		SB
	三极负荷开关		QS		常闭按钮		SB
	组合旋钮开关		QS		复合按钮		SB
	低压断路器		QF		急停按钮		SB
	控制器或操作开关		SA		钥匙操作式按钮		SB

续表

类别	名称	图形符号	文字符号	类别	名称	图形符号	文字符号
接触器	线圈操作器件		KM	热继电器	热元件		FR
	常开主触头		KM		常闭触头		FR
	常开辅助触头		KM	中间继电器	线圈		KA
	常闭辅助触头		KM		常开触头		KA
时间继电器	通电延时(缓吸)线圈		KT		常闭触头		KA
	断电延时(缓放)线圈		KT	电流继电器	过电流线圈		KA
	瞬时闭合的常开触头		KT		欠电流线圈		KA
	瞬时断开的常闭触头		KT		常开触头		KA
	延时闭合的常开触头	或	KT		常闭触头		KA

续表

类别	名称	图形符号	文字符号	类别	名称	图形符号	文字符号
时间继电器	延时断开的常闭触头		KT	电压继电器	过电压线圈	$U>$	KV
	延时闭合的常闭触头		KT		欠电压线圈	$U<$	KV
	延时断开的常开触头		KT		常开触头		KV
电磁操作器	电磁铁的一般符号	或	YA		常闭触头		KV
	电磁吸盘		YH	电动机	三相笼型异步电动机	M 3~	M
	电磁离合器		YC		三相绕线转子异步电动机	M 3~	M
	电磁制动器		YB		他励直流电动机	M	M
	电磁阀		YV		并励直流电动机	M	M
非电量控制的继电器	速度继电器常开触头	n	KS		串励直流电动机	M	M
	压力继电器常开触头	p	KP	熔继电器	熔断器		FU

续表

类别	名称	图形符号	文字符号	类别	名称	图形符号	文字符号
发电机	发电机		G	变压器	单相变压器		TC
	直流测速发电机		TG		三相变压器		TM
灯	信号灯（指示灯）		HL	互感器	电压互感器		TV
	照明灯		EL		电流互感器		TA
接插器	插头和插座	或	X 插头 XP 插座 XS		电抗器		L

思考题

1. 电流对人体的影响常有（　　　）和（　　　）现象。

2. 绝缘是防止发生触电和电气短路的基本措施。要求导体之间和导体对地之间的绝缘电阻必须大于（　　　）Ω/V，并且动力电路和安全电路不得小于（　　　）MΩ；其他照明、控制、信号等电路不得小于（　　　）MΩ。

3. 电梯供电系统应采用（　　　）系统。

4. 电梯间接触电防护（接地线）应采用（　　　）或（　　　）供电系统。

5. PE线的连接不能串联，应将所有电气设备的外露可导电部分单独用 PE 线连接到控制柜或电源的 PE 总接线端子上。PE 线应用（　　　）导线。

6. 电梯井道端站电气保护装置通常设有（　　　）开关、（　　　）开关和（　　　）开关。

7. 端站限位开关动作时，电梯上、下两个方向均不能运行。是否正确？

8. 电梯的厅门和轿门都安装有电气门锁装置，每层厅门和轿门门锁的触点采用串联方式连接，当其中有一扇门未关闭时，电梯门锁回路不接通，电梯不能运行。是否正确？

9. 电梯门安全保护装置常见有（　　）形式和（　　）形式的。

10. 电梯应设置停止装置，停止装置一般设置在（　　）、（　　）和（　　）位置。

11. 停止装置应是电气安全装置，它应为（　　）的，误动作不能使电梯恢复运行。

12. PLC 由于编程简单方便，易懂好学，可靠性高，抗干扰能力强，维护检查方便等优点，被广泛应用于工控领域。是否正确？

13. 可编程控制器 PLC 的主要功能之一是（　　）。

14. 操纵箱的结构形式以及所包括的电气元件种类数量与电梯的控制方式和（　　）有关。

15. （　　）是电梯实现各种控制功能的主要装置。安装在机房内，其中安装的电气元件种类、数量、规格与电梯的停站层数、运行速度、控制方式、额定载荷等有关。

16. 说出电梯安全回路保护开关，至少说出 5 个。

17. 接触器是用来接通或切断电动机或其他负载主回路的一种控制电器。在电梯中，它作为执行元件频繁的控制曳引机电机的启动、运转和停止。是否正确？

18. 根据右表图形符号标出对应图形符号的含义。

19. 电梯的控制系统有继电器逻辑控制、（　　）控制和（　　）控制。

20. 什么是电梯的电气控制？

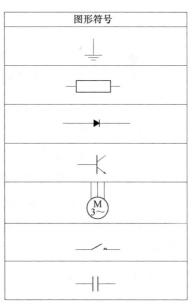

图形符号

第四章　电梯电力拖动

第一节　电梯电力拖动系统的特点

电梯的电力拖动系统对电梯的启动加速、平稳运行、制动减速起着控制作用。拖动系统的优劣直接影响电梯的启动制动加速度、平层精度、乘坐舒适感等指标。

一、电梯电力拖动系统的种类

1. 交流变极调速系统

交流感应电动机要获得两种或三种的转速，由于它的转速是与其极对数成反比，因此变速的最简单方法是只要改变电动机定子绕组的极对数就可改变电动机的同步转速。

该系统大多采用开环方式控制，线路比较简单，造价较低，因此被广泛应用在电梯上，但由于乘坐舒适感较差，此种系统一般只应用于额定速度不大于1m/s 的货梯。

2. 交流调压调速系统

随着大规模集成电路和计算机技术的发展，使交流调压调速拖动系统在电梯中得到广泛应用。该系统采用可控硅闭环调速，其制动减速用能耗制动方法，使电梯乘坐舒适感好，平层准确度高，明显优于交流双速拖动电梯系统，多用于速度 2.0m/s 以下的电梯。但随着调速技术和电子器件的发展，现在已经被变频变压调速系统取代。

3. 变频变压调速系统

变频调速简单地说就是改变频率和电压进行调速。将交流电通过整流变成直流，将直流通过晶闸管的频繁关断，使之形成的矩形波近似成交流正弦波。晶闸管的频繁关断的频率决定了输出交流电的频率。通过改变频率进而控制速度变化，这就是交直交变频。目前，变频调速（VVVF）控制技术在电梯领域上得到迅速发展，利用矢量变换控制的变频变压系统的电梯速度可达 12.5m/s，其调速性能已达到直流电动机的水平。且具有节能、效率高、驱动控制设备体积小、重量轻和乘坐舒适感好等优点，目前已经在很大范围内替代了直流拖动。

4. 直流拖动系统

直流电动机具有调速性能好，调速范围大的特点，因此具有速度快、舒适感好、平层准确度高的优点。但随着变频变压调速系统的发展，目前电梯已经很少使用直流拖动系统。

二、电梯电路拖动系统的特点

1. 四象限运行

虽然电梯与其他提升机械的负载都属于位能负载，但一般提升机械的负载方向是恒定的，都是由负载的重力产生。但在曳引电梯中，负载力矩的方向却随着轿厢载荷的不同而变化，因为它是由轿厢侧与对重侧的重力差决定的。

图 4-1 是特性曲线的四象限图。其中曲线 1 和曲线 2 是异步电动机的自然机械特性曲线，而虚线 L 和 L′是负载特性曲线。

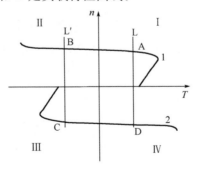

图 4-1　四象限运行图

1）当曳引机拖动电梯重载（轿厢侧重量超过对重侧重量）上行时，电动机处于电动状态，拖动力矩和负载力矩均为正值，电动机工作在第Ⅰ象限的 A 点。

2）当曳引机拖动电梯轻载（轿厢侧重量小于对重侧重量）上行时，由于负载力矩为负值即曲线 L′，电动机工作在第Ⅱ象限的 B 点。电动机处于再生发电状态。

3）当曳引机拖动电梯轻载下行时，拖动力矩和负载力矩均为负值，电动机处于电动状态，电动机工作在第Ⅲ象限的 C 点。

4）当曳引机拖动电梯重载下行时，负载力矩均为正值，电动机处于下行方向的再生发电状态，电动机工作在第Ⅳ象限的 D 点。

2. 运行速度高

一般用途的起重机的提升速度为 $0.1\sim0.4$ m/s，而电梯速度大都在 0.5 m/s 以上，一般都在 $1\sim2$ m/s，最高的可超过 13m/s。

标准规定：电源为额定频率和额定电压时，载有 50% 额定载重量的轿厢向下运行至行程中段（除去加速和减速段）时的速度，不应大于额定速度的 105%，宜不小于额定速度的 92%。

3. 速度控制要求高

电梯属于输送人员的提升设备，在考虑人的安全和舒适的基础上也要讲究效率，故标准规定了电梯的最大加、减速度和平均加、减速度。

1）最大加、减速度

①额定速度不大于 6.0m/s 乘客电梯启动加速度和制动减速度最大值均不应大于 1.5 m/s^2；

②额定速度大于 6.0m/s 的乘客电梯，启动加速度和制动减速度最大值均不得大于电梯制造企业给出的限值。企业没有给出限值指标时，按限值为 1.5 m/s^2 来判定。

2）平均加、减速度

①当乘客电梯额定速度为 1.0 m/s$<v\leqslant2.0$ m/s 时，加、减速度不应小于 0.50 m/s^2；当乘客电梯额定速度为 2.0 m/s$<v\leqslant6.0$ m/s 时，加、减速度不应小于 0.70 m/s^2；

②当乘客电梯额定速度 $v>6.0$ m/s 时，按制造企业标准给出的限值指标来判定，当企业没有给出限值指标时，按限值为 0.70 m/s^2 来判定。

4. 定位精度高

平层准确度和平层保持精度

电梯轿厢的平层准确度应在±10mm 的范围内，平层保持精度应在±20mm 的范围内。

第二节 交流变极调速系统

变极调速就是改变交流感应电动机定子绕组的磁场级数，以改变磁场同步转速来达到调速的目的。

由电机学原理可知，三相异步电动机的转速可由下式表达：

$$n=(1-s)60f/p$$

式中 n——电动机转速，r/min

f——电源频率，Hz

p——定子绕组的磁极对数

s——转差率

从上式可以看出，改变磁极对数 p 就可以改变转速。电梯变极调速用的交流异步电动机有单速、双速。使用最多的是双速，单速仅用于速度较低的杂物梯，双速电机的磁极数一般为 4 极/16 极和 6 极/24 极。

电机极数少的绕组称为快速绕组，极数多的绕组称为慢速绕组。变极调速是一种有极调速，调速范围不大，因为过多的增加电机极数，就会显著地增大电机的外形尺寸和电机成本。

图 4-2 所示是典型的交流双速电梯的主拖动系统的结构原理图，从图中可以看出，三相交流感应电动机，定子内具有两个不同极对数的绕组。快速绕组作为启动和稳速运行用，而慢速绕组作为制动减速和慢速平层停车用。为了限制启动电流，以减小对电网电压波动的影响，在启动时一般按时间原则，串接电阻和电抗；作为降压启动阻抗器。减速制动是在低速绕组中按时间原则进行二极和三极再生发电制动减速，以慢速绕组进行低速稳速运行直至平层停车。

下面以图 4-3 所示的交流电动机机械特性曲线图来说明电梯的整个运行过程。

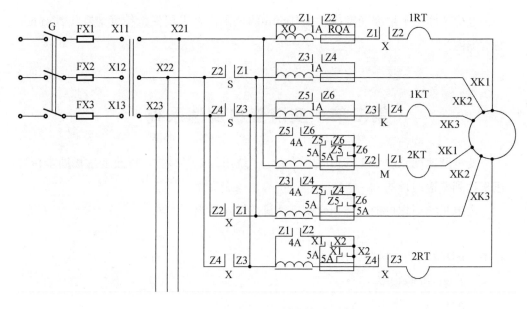

图 4-2　交流双速电梯主拖动回路

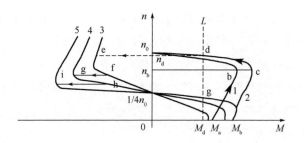

图 4-3　电动机启动串电阻电抗机械特性曲线图

电梯启动运行时，快车接触器 K 吸合、方向接触器 S(或 X)吸合，这时电动机在快车绕组串电抗器和电阻器下降压启动运行，电梯以串接电抗后特性曲线 1 启动，启动转矩为 M_a，转速开始上升，到 n_b 时，接触器 1A 吸合，短接了电抗器，转到固有机械特性曲线 2，由于电动机转速不能突变，从 b 点过渡到 c 点，转矩有增量 $\Delta M = M_c - M_b$，然后加速运行到 n_d，n_d 是稳定运行点，此时转矩为 M_d，电梯在该点恒速运行。

电梯减速时，快车接触器 K 释放、方向接触器 S(或 X)继续吸合，慢车接触器 M 延时吸合，此时电动机在慢车绕组串电抗器和电阻器下运行，电梯以特性曲线 3 减速运行，此时，由于转速不能突变，所以运行曲线由 d 点平移到 e 点，由 e 点开始减速，当减速到 f 点时，接触器 3A 吸合，短接电阻器，电动机串接电抗器运行，特性曲线 4 运行，由于转速不能突变，转速由 f 点平移到 g 点，由 g 点继续减速，当减速到 h 点时，接触器 4A 吸合，短接电阻器和电抗器运行，特性曲线 5 运行，由于转速不能突变，转速由 h 点平移到 i 点，由 i 点继续减速，运行到 g 点时，开始等待平层信号，当平层信号到时，释放方向接触器 S(或 X)和慢车接触器 M，抱闸停车。

根据上述分析可知，在快速绕组中串入电阻和电抗，是为了在启动时减少启动电流和减小对电网的影响，也限制了启动时的加速度，防止产生冲击，以改善启动舒适感。在慢速绕组中串入电阻和电抗，是为了限制减速时快速绕组切换到慢速绕组时的制动力，防止产生冲击。逐级切除电阻电抗是为了减速平稳，都是为了增加舒适感。增加串入的电阻和电抗，虽然可以减小启、制动电流，增加舒适感，但是，会使启动转矩和制动转矩减小，延长加、减速时间。一般要求启动转矩为额定转矩的 2 倍左右。

第三节　交流调压调速系统

一、交流调压调速系统基本原理

交流双速电梯串接电阻电抗启动、变极调速、减速平层，一般启、制动加速度大，存在运行不平稳等缺点。若用可控硅取代电阻电抗，从而控制启、制动电压，并采用速度反馈实现系统闭环控制，在运行过程中不断检测电梯运行速度与理想速度曲线和吻合，就可以达到启动舒适、运行平稳的目的，这就是交流调压调速的基本原理。可控硅的调压调速是采用移相控制。三组反并联的晶闸管按顺序用脉冲触发，触发顺序必须保证相序和相位的关系。触发控制角 α 越大，晶闸管的导通角 θ 将越小，流过晶闸管的电流也越小，其波形的不连续程度增加，负载电压就越低。

交流调压调速电梯在运行各个阶段的控制方式大致有三种，如图 4-4 所示，从图中可以看出，电梯调速分启动运行、稳速运行、制动运行，控制方式分为

（1）、（2）、（3）种，无论哪种控制方式，其制动过程总是要加以控制的。

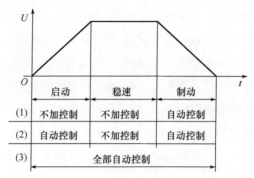

图 4-4　交流调速电梯各阶段控制

交流调压调速的制动方式，有能耗制动、涡流制动和反接制动。一般常用能耗制动。

能耗制动的调压调速系统，采用可控硅调压调速，再加上直流能耗制动组成。制动时，对慢速绕组中的两相绕组通直流电，在定子绕组内形成一固定的磁场。当转子由于惯性而仍在旋转时，其导体切割磁力线，在转子中产生感应电势及转子电流，这一感应电流产生的磁场与定子磁场相互作用产生了制动力矩，其大小与定子的磁化力及电机转速有关。机械特性曲线是在第Ⅱ象限、通过坐标原点向外延伸的曲线，如图 4-5 所示。

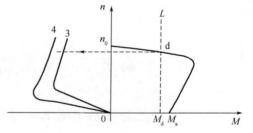

图 4-5　能耗制动特性曲线图

当电动机快车绕组断电后，慢车绕组加入直流电 I_1 时，制动曲线 3，慢车绕组加入直流电 I_2 时，制动曲线 4（$I_2 \geqslant I_1$），曲线上同一转速制动力矩曲线 4 要大于曲线 3，所以，只要调节直流电的大小，就可以改变制动力矩的大小。

从曲线上可见，当电机转矩下降为零时，转速也为零。所以，应用能耗制动能使轿厢准确停车，再加上用可控硅构成闭环系统调速，可以得到较好的舒适感和平层精度。

由于能耗制动力矩是由电机本身产生的，因此对启动加速、平稳运行和制动减速很容易实现全闭环的控制。这种系统对电动机的制造要求很高，电动机在制动过程中一直处于不平衡状态，从而导致电动机运行噪声增大，以及电机会发生过热现象。

二、交流调压调速系统的工作过程

当导通快速运行时，如图 4-6 所示，是典型的交流调速控制系统，检修接触器 M_1、M_2 断开，快车接触器 K 闭合，三相交流电源经调速器后，由 U、V、W 端输出可调三相交流电，经方向接触器 S、X 和快车接触器 K 接至电动机快速绕组。与此同时，接触器 Z 闭合，调速器＋、－端可调直流电压，经接触器 Z 触点接至电动机慢车绕组，以备进行能耗制动。电梯的逻辑控制电路根据情况给出相应的速度给定信号，控制电梯按给定速度曲线启动加速、稳速运行和制动减速。在运行过程中，若实测转速低于给定速度，则调速器通过电动机高速绕组使其处于电动状态，电梯加速运行；若实测速度高于给定速度，则调速器通过慢速绕组使其处于制动状态，电梯减速运行。这样，便可以保证电梯始终跟随给定速度曲线运行。

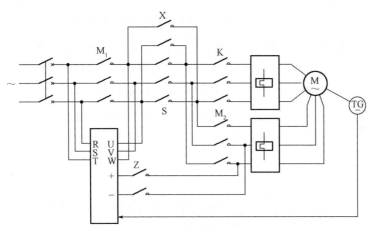

图 4-6　调压调速系统

当电梯处于检修运行状态时，快速接触器 K 和制动接触器 Z 释放，三相交流电压经检修接触器 M_1 和 M_2 直接接至电动机慢速绕组。这时，调速器不起作用，电动机以检修速度运行。

三、调压调速系统特性

调压调速电梯拖动系统原理框图如图 4-7 所示。

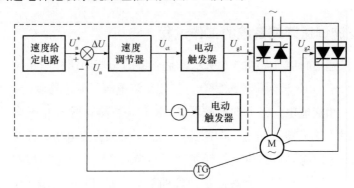

图 4-7　调压调速系统原理图

由测速环节将实时测速信号 U_n 反馈到速度调节器的输入端，与速度给定信号 U_n^* 进行比较，再将偏差信号 ΔU 输入至速度调速器。当电梯实际运行速度低于速度给定值时，偏差信号 ΔU 为正值，速度调节器输出正值控制电压 U_{ct}，使电动触发器工作，改变电动机主回路三相调压电路的正反向并联的晶闸管控制角 α，电动机加速运行；反之，当电梯实际运行速度高于速度给定值时，则偏差信号 ΔU 为负值，速度调节器输出负值控制电压 U_{ct}，经倒相后，使制动触发器工作，改变接在电动机慢速绕组的半控桥式可控整流电路晶闸管控制角 α，实现电动机的能耗制动，使其减速运行。在电梯运行过程中，要根据实际运行情况控制电动触发器和制动触发器分时工作。

第四节　交流变压变频调速系统

随着电力电子技术和微电子技术的发展，交流电动机的调速技术取得了巨大的进展。各种交流调速技术在工业领域得到广泛应用的同时，电梯的交流调速系统也日趋完善。除了前述的变极调速、交流调压调速（ACVV）电梯以外，交流变压变频调速是电梯的理想调速方法。

交流变压变频调速电梯也称为 VVVF 电梯。VVVF 是英文 Variable Voltage

Variable Frequency 的缩写。VVVF 电梯速度调节平滑，能获得良好的乘坐舒适感，能明显降低电动机的启动电流。与其他类型交流调速系统相比，性能最好，运行效率最高，可以节能 30％～50％。

一、异步电动机的变频调速原理

异步电动机定子每相感应电动势有效值为：

$$E=4.44fNK\phi_m$$

式中　　N——定子每相绕组串联匝数

K——基波绕组系数

ϕ_m——每极气隙磁通量

f——频率

由上式可见，在 E 一定时，若电源频率 f 发生变化，则必然引起磁通 ϕ_m 变化。当 ϕ_m 变弱时，电动机铁心就没有被充分利用；若 ϕ_m 增大，则会使铁心饱和，从而使励磁电流过大，这样会使电动机效率降低，严重时会使电动机绕组过热，甚至损坏电动机。因此，在电动机运行时，希望磁通 ϕ_m 保持恒定不变。因此，在改变 f 的同时，必须改变 E，即必须保证：

$$\frac{E}{f}=常数$$

采用恒定的电动势频率比的协调控制方式，就可以保证磁通 ϕ_m 恒定不变。在电动机转差率很小时，电机转矩与转差率近似成正比，即这段机械特性基本为直线。但是，绕组中的感应电动势 E 是很难控制的，但在 E 较高时，可以忽略定子绕组漏磁阻抗压降，因此，可以认为定子每相电压 $U_1 \approx E$。若以电源角频率 ω 表示频率时，则：

$$\frac{U_1}{\omega_1}=常数$$

这是目前广泛采用的恒压频比控制方式。其机械特性如图 4-8 所示。

二、变频装置工作原理

按恒压频比控制方式进行变频的装

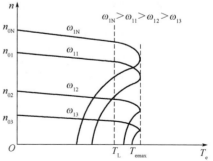

图 4-8　恒压频比变频调速机械特性曲线

置，其一种是直接变频(交-交变频)装置。这种装置的变频为一次换能形式，即只用一个变换环节就把恒压恒频电源变换成 VVVF 电源，所以效率高。但是，采用元件数量较多，输出频率变化范围小，功率因数较低，只适用于低转速大容量的调速系统。另一类为间接变频(交－直－交变频)装置。这种变频装置是将恒压恒频交流电源先经整流环节转换为中间直流环节，再由逆变电路转换为 VVVF 电源，如图 4-9 所示。这种装置的控制方式有以下两种。

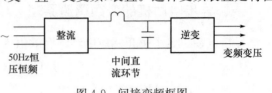

图 4-9　间接变频框图

1. 用可控整流器变压，用逆变器变频的交－直－交变频装置

这种装置的输入环节是由晶闸管构成的可控整流器。输出电压幅度由可控整流器决定，输出电压频率由逆变器决定。也就是说，变压和变频分别通过两个环节，由控制电路协调配合完成。这种装置结构简单，元件少，控制方便，频率调节范围较宽。但是，在电压和频率调得较低时，电网端功率因数也降低。输出环节由晶闸管构成，输出电压谐波较大。

2. 用不可控整流器整流，通过脉宽调制方式控制逆变器，同时进行变压变频的交－直－交变频装置

由于输入环节采用不可控整流电路，所以电网端功率因数高，而且与逆变器输出电压大小无关。逆变器在变频的同时实现变压，主回路只有一个可控的功率环节，简化了电路结构。逆变器的输出与中间直流环节的电容、电感参数无关，加快了系统的动态响应时间。选择对逆变器的合理控制方式，可以抑制或消除低次谐波，使逆变器输出电压为近似的正弦波交变电压。这种控制方式称为正弦脉宽调制方式（sinusoidal puse width modulation 缩写为 SPWM）。

（1）SPWM 逆变器工作原理　逆变器的功率器件工作在开关状态，当开关器件闭合导通时，逆变器输出电压的幅度等于整流器的恒定输出电压；当开关器件断开截止时，输出电压为零。于是，逆变器输出电压为等幅的脉冲列。为了使该脉冲列与正弦波等效，以便尽量减少谐波，将正弦波形分为 N 等份，如图 4-10 所示。

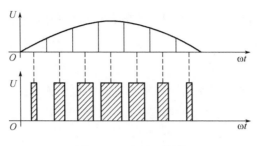

图 4-10　SPWM 波形

令每一等份的正弦波的中点与相应的矩形脉冲波形中点相重合，并使矩形脉冲的面积与对应等份的局部正弦波面积相等，则等幅不等宽的矩形脉冲列必然与该半周正弦波形等效。也就是说，各分段平均值的包络线为等效的正弦波。若逆变器的开关器件工作在理想状态，则开关器件驱动信号的波形也应与该脉冲列相似。显然，开关器件开、断的工作频率越高，则等幅不等宽的脉冲列等效波形就越接近对应的正弦波形。

（2）SPWM 波形的产生　对上述的等效控制方式，实际上是通过调制的方法来实现的，即将所期望的正弦波形作为调制波，而将等腰三角形作为被调制的载波。利用三角波线性变化的上升沿、下降沿与连续变化的正弦曲线的交点时刻，来控制逆变器开关器件的导通与截止。如图 4-11 所示为 SPWM 变频器主电路原理图。

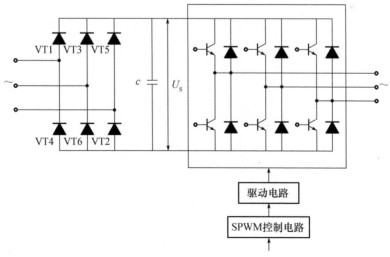

图 4-11　SPWM 变频器主电路原理图

由整流二极管构成三相不可控整流电路，输出恒定直流电压 U_s；逆变电路由六个功率开关器件组成。在每个上均反并联一个续流二极管，以便连接感应电动机负载。

图 4-12 为 SPWM 控制电路原理框图。由三相正弦波振荡器输出作为调制波的参考信号电压 U_U、U_V、U_W，其信号频率和波形幅度均在一定范围内可调。由三角波振荡器输出作为被调制的载波信号 U_t，分别与各相参考电压进行比较。载波信号 U_t 的频率高于参考电压频率。若三角波 U_t 只在 0 与最大值之间交变，则为单极式控制方式。在 U 相正弦参考信号半周内的比较工作过程如图 4-13 所示。当 $U_U > U_t$ 时，比较器输出 U_{du} 为高电平；当 $U_U < U_t$ 时，比较器输出 U_{du} 为低电平。因此，只要正弦调制波的最大值低于三角形载波的幅值，经比较之后，必然输出幅值相等，而宽度为两侧窄、中间宽的按正弦规律变化的 SPWM 波形。当用这样的波形驱动主回路逆变器的一个功率器件时，就会得到同样的与正弦波形等效的脉冲列，脉冲幅度为 $U_s/2$。

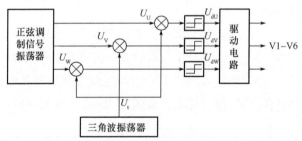

图 4-12　SPWM 变频器原理图

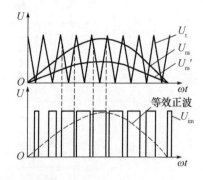

图 4-13　单极式 SPWM 波形

若三角波 U_t 为正负交变波形，则为双极式控制方式。这时，在正弦调制波的正、负半周内，分别与正、负交变的三角波进行多次比较，就得到正、负交变的 SPWM 输出波形。当用这样的 SPWM 信号以各相互差 120°的相位关系按规定顺序驱动主回路逆变器的功率器件时，就会得到三相 SPWM 输出波形，如图 4-14 所示。

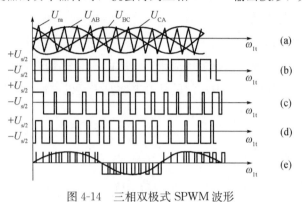

图 4-14　三相双极式 SPWM 波形

第五节　直流拖动系统

直流电动机具有调速性能好、调速范围大的特点。早期电梯都采用发电机-电动机形式的直流拖动。但它的缺点是机组结构体积大、耗能大、维护工作量大、造价高，目前已经淘汰。

一、直流拖动原理

如图 4-15 所示直流电动机的原理图，根据工作原理可列出下面的电动势平衡方程：

$$E_a = U_a - I_a(R_a + R_t)$$

$$E_a = C_e \Phi n$$

因此直流电动机的转速可由下式表示：

$$n = \frac{U_a - I_a(R_a + R_t)}{C_e \Phi}$$

式中　E_a——电动机感应电动势

U_a——电枢电压

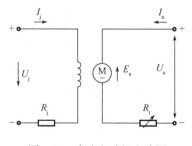

图 4-15　直流电动机电路图

I_a——电枢电流

R_a——电枢电阻

R_t——调整电阻

n——转速

C_e——电势常数

Φ——励磁磁通

直流电动机的转速与电枢电压成正比，所以一般采用改变电枢电压的方法进行调速。直流电动机在不同电压时的特性曲线是平行的，而且比较平直，即在同一电压下负载变化时，其转速变化不大。

二、直流拖动形式

1. 可控硅励磁的发电机—电动机拖动系统

如图 4-16 所示，由原动机带动直流发电机，通过改变励磁装置控制直流发电机，通过直流发电机的输出电压来调节直流电动机的转速。

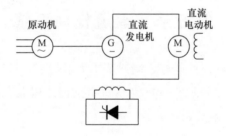

图 4-16   可控硅励磁的发电机—电动机拖动系统

这种系统由于笨重复杂、耗能高、维护量大等缺点已经停止生产和使用了。

2. 用可控硅直接供电的拖动系统

如图 4-17 所示，由可控硅整流供给直流电动机电枢电压，通过改变控制角来调节直流电动机的转速，达到电梯调速的目的。此种方式控制方便、重量轻、易维护等优点，一般用在高速电梯上。

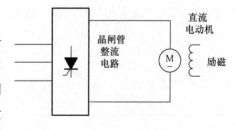

图 4-17   可控硅直接拖动系统

思考题

1. 交流电梯调速系统的种类有（　　）调速、（　　）调速、（　　）调速和（　　）拖动系统。

2. 电源为额定频率和额定电压时，载有50％额定载重量的轿厢向下运行至行程中段（除去加速和减速段）时的速度，不应大于额定速度的（　　）％，宜不小于额定速度的（　　）％。

3. 额定速度不大于6.0m/s乘客电梯启动加速度和制动减速度最大值均不应大于（　　）m/s²。

4. 在交流双速电梯中，电动机极数多的绕组为（　　）绕组，极数少的绕组为（　　）绕组。

5. VVVF电梯采取同时改变电动机电源（　　）和（　　）的方法调速。

6. 交流变频变压调速电梯俗称为（　　）电梯。

7. 在变极调速系统中，在快速绕组中串入电阻和电抗，是为了在启动时减少（　　）和减小对（　　）的影响，也限制了启动时的加速度，防止产生冲击，以改善启动舒适感。

8. 交流调压调速的制动方式一般常用（　　）方式。

9. 根据交流异步电动机的转速公式 $n=(1-s)60f/p$，对交流双速电梯是改变公式中的（　　）进行调速的。

10. 在VVVF调速系统中，为了保证良好的运行特性，必须做到（　　）保持不变。

11. 常见的变频器有交-交变频器和交-直-交变频器两种。是否正确？

12. 若交流双速电动机的极数为6/24，则其同步转速分别是（　　）r/min和（　　）r/min。

13. 直流电动机的转速与（　　）成正比，一般采用改变（　　）进行调速。

14. 按电流类型分类，电动机可分为（　　）电动机和（　　）电动机两种。

15. 直流电动机的转速与电枢电压成正比，所以一般采用改变电枢电压的方法进行调速。是否正确？

16. 改变直流电动机的旋转方向，只要将加在电枢端的两根导线对调就可以实现。是否正确？

第五章 电梯调试技术

目前常见电梯控制系统拖动部分都采用变频变压调速技术，信号控制采用微机控制，控制原理都是相同的，但各个厂家在设计的细节方面还是有区别的，如原理图的元件代号，开放软件窗口的功能代号以及电梯的各自功能等，都是有很大区别的。所以为了使读者更准确直观地学习掌握电梯调速技术，下面以苏州德奥电梯控制系统 DVF 系列为例介绍电梯调速技术。

第一节 调试前安全检查

一、现场机械、电气接线检查

控制系统电气安装完毕后，必须对电气部分进行检查，在系统上电之前要进行外围接线的检查，确保部件及人身安全。检查内容为：

1）检查器件型号是否匹配；

2）安全回路导通且工作可靠；

3）门锁回路导通且工作可靠；

4）井道畅通，轿厢无人，并且具备适合电梯安全运行的条件；

5）控制柜及曳引机地线接地良好；

6）外围按照厂家图纸正确接线；

7）每个开关工作正常、动作可靠；

8）检查主回路相间阻值，检查是否存在对地短路现象；

9）确认电梯处于检修状态；

10）机械部分安装到位，不会造成设备损坏或人身伤害。

二、旋转编码器检查

编码器反馈的脉冲信号是系统实现精准控制的重要保证，调试之前要着重检查。检查内容是：

1）编码器安装稳固，接线可靠；

2）编码器信号线与强电回路分槽布置，防止干扰；

3）编码器连线最好直接从编码器引入控制柜，若连线不够长，需要接线，则延长部分也应该用屏蔽线，并且与编码器原线的连接最好用烙铁焊接；

4）编码器屏蔽层要求在控制器一端接地可靠（为免除干扰，建议单端接地）。

三、电源检查

系统上电之前要检查用户电源。用户电源各相间电压应在 $380V\pm7\%$ 以内，每相不平衡度不大于 3%。

1）主控板控制器进电 24V～COM 间进电电压应为 DC24V±15％。

2）检查总进线线规格及总开关容量应达到要求。

注意：系统进电电压超出允许值会造成破坏性后果，要着重检查，直流电源应注意区分正负极。系统进电缺相时请不要运行。

四、绝缘、接地检查

1）检查下列端子与接地端子 PE 之间的电阻是否无穷大，如果偏小请立即检查。

a）R、S、T 与 PE 之间

b）U、V、W 与 PE 之间

c）主板 24V 与 PE 之间

d）电机 U、V、W 与 PE 之间

e）编码器 15V、A、B、PGM 与 PE 之间

f）＋、－母线端子与 PE 之间

g）安全、门锁、检修回路端子与 PE 之间

2）检查电梯所有电气部件的接地端子与控制柜电源进线 PE 接地端子之间的电阻是否尽可能小，如果偏大请立即检查。

第二节 慢 车 调 试

一、上电后的检查

1）检查控制器主控板上系统进电端子 24V～COM 间的电压，在 DC24V±15％内。

2）检查系统内、外召电源的电压在 DC24V±15％内。

二、参数设定功能检查

端子功能组参数 F5，决定系统接收的信号与实际发送给系统的信号是否对应，预期控制的目标与实际控制目标是否相同。

1）按照图纸检查所设定的各个端子的功能是否正确，以及端子的输入输出类型与实际是否相符。

2）通过主控板上输入输出侧各端子对应发光管的点亮、熄灭，以及相应端子所设定的输入输出类型，可以确定相应端子信号输入状态是否正常。

三、电机调谐

选择键盘控制运行方式，在电机调谐运行前，必须准确输入电机的铭牌参数 F1－00～F1－05，DVF 系列电梯一体化控制器根据此铭牌参数匹配标准电机参数；距离控制方式对电机参数依赖性很强。要获得良好的控制性能，必须获得被控电机的准确参数。

注意：同步机调谐前必须确保编码器已完成安装、接线。

对于异步电机，DVF 系列电梯可通过静止调谐或无负载调谐获得参数。如果现场无法对电机进行调谐，可以参考同类铭牌参数相同电机的已知参数手工输入。异步机型每次更改电机额定功率 F1－01 后，系统将 F1－06～F1－10 参数值将自动恢复缺省的标准电机参数。

对于永磁同步电机，DVF 系列电梯可通过带负载调谐或无负载调谐获得 F1

—06，F1—08 的参数。在更改电机额定功率 F1—01 后，不会更新 F1—06～F1
—10。

F1—11	自学习选择	出厂设定	0	最小单位	1
	设定范围		0、1、2、3		

0：无操作。

1：异步机为静止调谐，同步机为带负载调谐。

2：电机无负载调谐，需要电机负载完全脱开，电机在调谐过程中会转动，
电机负载也会影响调谐结果。

3：井道参数自学习，电梯运行快车前要进行井道参数自学习。

提示：进行调谐前，必须正确设置电机额定参数(F1—01—F1—05)。为了
防止此参数误操作带来的安全隐患，F1—11 设为 2 进行电机无负载调谐时，须
手动打开抱闸。

(一)异步电机调谐

对于异步电动机，F1—11 选择 1(静止调谐)，电机不会运转，无须脱开钢丝
绳，自调谐时能够听到电机的电流声；F1—11 选择 2(无负载调谐)，电机会运
转，须要脱开钢丝绳。

异步电机参数自动调谐步骤(图 5-1)如下：

1) 首先设定 F0—01 为 0：控制方式选择为操作面板命令通道控制；

2) 根据电机铭牌准确设定 F1—01、F1—02、F1—03、F1—04、F1—05；

3) 如果是电机可和负载完全脱开，则 F1—11 请选择 2(电机无负载调谐)，
手动打开抱闸，然后按键盘面板上 RUN 键，电机自动运行，控制器自动测量电
机的下列参数 F1—06(定子电阻)、F1—07(转子电阻)、F1—08(漏感抗)、F1—
09(互感抗)、F1—10(空载激磁电流)后，结束对电机的调谐。如果出现过电流现
象，请将 F1—10 适当增加，但是不要超过 20%；

4) 如果电机不能和负载完全脱开，则 F1—11 请选择 1(静止调谐)，然后按
键盘面板上 RUN 键，电机自动调谐，控制器依次测量定子电阻、转子电阻和漏
感抗 3 个参数，并自动计算电机的互感抗和空载电流。

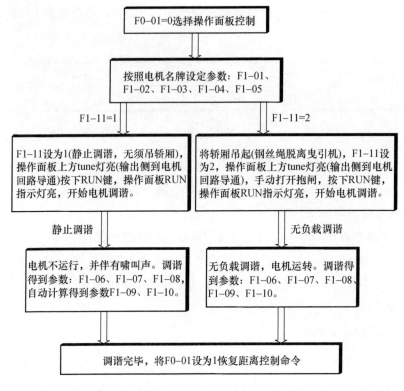

图 5-1 异步电机调谐流程图

(二)永磁同步电机调谐

1. 调谐说明

1)永磁同步曳引机第一次运行前必须进行电机调谐,否则不能正常使用。

2)同步机一体化控制器采用有传感器的闭环矢量控制方式,须确保 F0－00 设为1(闭环矢量),且必须正确连接编码器和 PG 卡,否则系统将报 E20 编码器故障,导致电梯无法运行。

3)同步机一体化控制器既可通过操作面板控制方式在电机不带负载的情况下完成电机调谐,也可通过距离控制方式(检修方式)在电机带负载的情况下完成调谐。

4)调谐前必须正确设置编码器参数(F1－00、F1－12)和电机铭牌参数(F1－01、F1－02、F1－03、F1－04、F1－05)。

5) 为了防止 F1-11 参数误操作带来的安全隐患,当它设为 2 进行电机无负载调谐时,须手动打开抱闸。

6) 辨识的结果为 F1-06(编码器的初始角度)和 F1-08(接线方式),F1-06、F1-08 作为电机控制参考设置,请用户不要更改,否则系统将报 E21 编码器接线故障,导致电梯无法运行。

7) 在更改了电机接线、更换了编码器或者更改了编码器接线的情况下,必须再次辨识编码器位置角(图 5-2)。

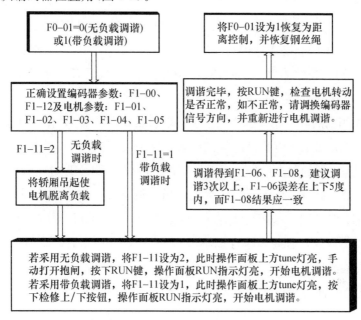

图 5-2　同步电机调谐流程图

同步机带负载调谐注意事项:

1) 确保电机的 UVW 动力线分别对应接到变频器的 UVW 接线端口;

2) 确保 ERN1387 型 SIN/COS 编码器的 AB、CDZ 信号分别对应接入 PG 卡的 AB、CDZ 端口;UVW 型编码器的 AB、UVW 信号分别对应接入 PG 卡的 AB、UVW 端口;

3) 调谐前应确保 F8-01 设为 0,否则有可能导致调谐过程中电梯飞车;

4) 在保证电机 UVW 三相动力线接线正确的情况下,如果调谐仍不成功(现象可能是调谐过程中电机不转动或者突然朝一个方向转动然后停下),请更换变频器输出动力线任意两根，再重新调谐；

5）带负载调谐过程比较危险，调谐时须确保井道中没有人。

2. 带负载调谐

1）检查电机动力线及编码器接线，确认电机的 UVW 动力线对应接到变频器输出 UVW 端子上，以及编码器的 AB、UVW 或 CDZ 信号正确接到 PG 卡 AB、UVW 或 CDZ 端子上；

2）系统上电后，将检修开关拨到检修位置，确认 F0－01 设为 1（距离控制）；

3）正确设置编码器参数 F1－00（0：SIN/COS；1：UVW）、F1－12（脉冲数）及电机参数 F1－01、F1－02、F1－03、F1－04、F1－05，确认 F8－01 设为 0（预转矩无效），若编码器为 ERN1387 型 SIN/COS 编码器，还须将 F1－10（编码器信号校验选择）设为 1；

4）复位当前故障，将 F1－11 设为 1（电机带负载调谐），按检修上行或下行按钮，电动机先出现一声明显的电磁声音，然后按照检修给定的方向运行 1 圈，直到检测到编码器的原点信号，当操作面板不再显示 TUNE 时，电机调谐完成。此后系统将禁止运行 8 秒钟，用于存储参数。调谐 3 次以上，比较所得到的 F1－06 编码器初始角度，误差应当在±5 度范围内，F1－08 结果应一致；

5）调谐完成后，若编码器为 ERN1387 型 SIN/COS 编码器，须将 F1－10（编码器信号校验选择）设为 2。检修试运行，观察电流是否正常、电梯运行是否稳定、实际运行方向是否与给定方向一致、F4－03 脉冲变化是否正常（上行增大，下行减小）。若电梯运行方向相反或脉冲变化异常，请通过 F2－10 参数变更电梯运行方向或脉冲变化方向。

3. 无负载调谐

1）检查电机动力线及编码器接线，确认电机的 UVW 动力线对应接到变频器输出 UVW 端子上以及编码器的 AB、UVW 或 CDZ 信号正确接到 PG 卡 AB、UVW 或 CDZ 端子上；

2）系统上电后，将 F0－01 设为 0：控制方式选择为操作面板命令通道控制；

3）按编码器类型及编码器脉冲数正确设置 F1－00（0：ERN1387 型 SIN/COS 编码器或 1：UVW 型）和 F1－12。然后根据电机铭牌准确设定 F1－01、F1－02、F1－03、F1－04、F1－05，若编码器类型为 ERN1387 型 SIN/COS 编码

器，还须设置 F1-10(编码器信号校验选择)为 1;

4)将电梯曳引机和负载(钢丝)完全脱开，F1-11 请选择 2(无负载调谐)，手动打开抱闸，然后按键盘面板上 RUN 键，电机自动运行，控制器自动算出电机的 F1-06 码盘磁极角度以及 F1-08 接线方式，结束对电机的调谐;调谐 3 次以上，比较所得到的 F1-06 码盘磁极角度，误差应当在±5 度范围内，F1-08 的结果一致;

5)调试完成后，将 F0-01 恢复成 1(距离控制)，若编码器类型为 ERN1387 型 SIN/COS 编码器，须将 F1-10(编码器信号校验选择)设为 2。检修试运行，观察电流是否正常(应小于 1A)，电机运行是否稳定、电梯实际运行方向是否与给定方向一致、F4-03 脉冲变化是否正常(上行增大，下行减小)。若电梯运行方向相反或脉冲变化异常，请通过 F2-10 参数变更电梯运行方向或脉冲变化方向。

四、门机调试

(一)门机控制器调试

1. 调试流程

在外围电路、机械安装完全到位的情况下即可进行门机控制器的基本调试。调试流程如图 5-3 所示。

2. 接线检查

上电之前要进行外围接线的检查，确保部件及人身安全。

1)按照厂家图纸正确接线;

2)每个开关工作正常，动作可靠;

3)检查主回路相间阻值，检查是否存在对地短路现象;

4)机械部分安装到位，不会造成设备损坏或人身伤害。

3. 编码器检查(如果有)

编码器反馈的脉冲信号是系统实现精准控制

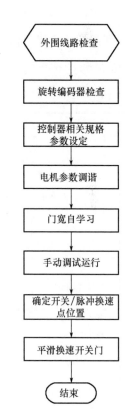

图 5-3　门机控制器调试流程图

的重要保证，调试之前要着重检查：

1）编码器安装稳固，接线可靠；

2）编码器信号线与强电回路分槽布置，防止干扰；

3）编码器连线最好直接从编码器引入控制器，若连线不够长，需要接线，则延长部分也应该用屏蔽线，并且与编码器原线的连接最好用烙铁焊接；

4）编码器屏蔽层要求在控制器一端接地可靠。

4. 接地检查

检查下列端子与接地端子 PE 之间的电阻是否无穷大，如果偏小请立即检查：

1）L1、L2 与 PE 之间；

2）U、V、W 与 PE 之间；

3）编码器 24V、PGA、PGB、PGZ、COM 与 PE 之间。

5. 利用指示灯进行信号线检查

指示灯亮代表的含义见表 5-1。

表 5-1 指示灯亮代表的含义

指示灯标号	停止时各 LED 灯亮代表含义		运行时各 LED 灯亮代表含义
	速度控制	距离控制（有限位开关）	
D1	DI1 信号有效	DI1 信号有效	外部关门命令
D2	DI2 信号有效	AB 相信号正确	关门运行中
D3	DI3 信号有效	Z 相信号	开门运行中
D4	DI4 信号有效	DI4 信号有效	外部开门命令

1）速度控制模式下，开关门减速信号线检查：

DI1 接关门限位信号、DI2 接关门减速信号、DI3 接开门减速信号、DI4 接开门限位信号；

手动拉门的时候，对应上表，通过对应的 LED 灯的状态即可轻松判断相关信号是否正确。

2）距离控制模式下：

有限位开关时：DI1 接关门限位信号、DI4 接开门限位信号。

手动往开门的方向拉动中时，若 D2 灯为亮，则 AB 相信号正常。否则 AB 信号异常，请互换一下 AB 信号线。手动往关门方向拉动时，若 D2 灯常灭，则 AB 相信号正常。手动拉门过程中，若收到一个 Z 信号，则 D3 灯会闪烁一下，若 D3 灯信号一直常灭，则 Z 信号异常。

3）运行中：

D1 灯亮，则表示外部关门命令有效；D2 灯亮，则表示门机处于关门状态运行；

D3 灯亮，则表示外部开门命令有效；D4 灯亮，则表示门机处于开门状态运行。

6. 交流永磁同步机应用

交流永磁同步电机第一次运行前必须进行磁极位置辨识，否则不能正常使用。在更改了电机接线、更换了编码器或者更改了编码器接线的情况下，必须再次辨识码盘位置角。因此，需要保证辨识磁极位置的时候和电机正常运行时候的电机接线完全一致。辨识过程中电机会转动运行，调谐前请确认安全。

调谐前请确认编码器信号正常，若启动调谐时，门往关门方向运行且堵转，说明电机运行方向异常，则进行调换电机接线或编码器接线。

辨识前必须正确输入 F1 组电机的铭牌参数，包括额定功率，额定电压、额定频率、额定转速、额定电流，并正确设置编码器的脉冲数（F214）。然后将 F116 设置为 3（空载）或 4（带载），按确认键，此时控制器显示"TUNE"，再按"OPEN"键后控制器开始进行参数辨识。辨识过程中控制器一直显示"TUNE"，当"TUNE"消失后辨识结束。空载调谐的时候，首先会按照正转调谐命令或反转调谐命令执行，运行一段时间后会往相反方向运行，几个正、反循环后，最后执行所有参数计算，完成空载调谐过程。

空载调谐过程中如果出现 20 号故障，请调换 UVW 中的任两相，重新调谐。带负载调谐的时候，让门处于完全关闭状态，然后按下"OPEN"键，电机以额定转速 25% 缓慢执行开门操作，运行一定距离后进行关门运转，开、关调谐运行 3 次后，最后完成所有参数计算，完成带负载调谐过程。

带负载调谐过程中，如果电机不运行或者运行方向与开关门命令相反，则电机接线不正确，请把电机接线任两相调换后，再次调谐。

辨识码器的零点补偿位置角放在 F114 功能码中，可以被查看也可以修改，在位置辨识后不允许更改该参数，否则控制器可能无法正常运行。带载调谐比空载调谐得到的编码器零点补偿位置角的精度稍低，有条件的地方请尽量选择空载调谐。

编码器位置辨识过程中如果出现 Err19 告警错误，请检查是否正确接线。

7. 门宽自学习

异步机距离控制方式下，门宽自学习之前也要先确认编码器 AB 相信号接线正常；在门宽自学习过程中，门的动作方向会自动地改变，因此请在考虑确保人身安全性之后再进行操作，否则可能造成人员的伤害。门宽自学习务必确认门的动作途中无障碍物后方可进行门宽测定，若动作途中有障碍物等，则判定为到达，不能正确进行门宽测定。门宽测定时序图如图 5-4 所示。

8. 试运行

编码器位置辨识后，请在恢复负载之前试运行，试运行的方式建议采用通用控制器面板控制模式。

试运行过程中主要关注以下两点：

1）电机运行方向是否与实际情况（开、关门状态）一致，如果不一致，需要调整门机控制器输出到电机的接线，重新进行编码器位置辨识。

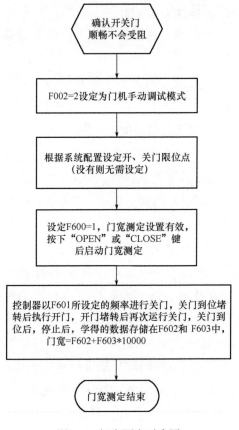

图 5-4 门宽测定时序图

2）电机正反转是否平稳、无杂音，由于无负载，控制器的电流将很小。在确保上述两点后，门机控制器已经将电机、编码器位置准确记录于 F114（用户可记录下来，方便以后备用），可以进行正常的电机控制，由于同步机与异步机的特点不同，用户在使用过程中可以适当减弱 F2 组速度环 PI 的增益。

9. 开门运行调试

（1）正确设置信号接点安装位置

速度控制方式下门机系统中各种信号接点（行程开关）的安装位置如图 5-5 所示。

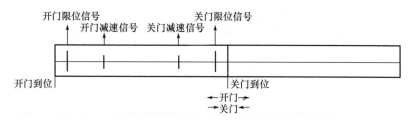

图 5-5　安装位置

正确设置 F3 组与速度控制有关的功能参数，准确设置减速信号开关和限位信号开关。开门运行速度曲线可以用图 5-6 来说明。

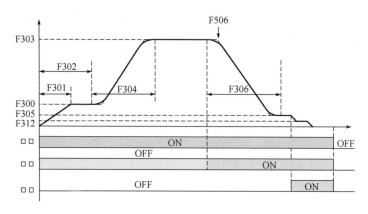

图 5-6　开门运行速度曲线一

行程开关方式，开门过程说明：

1）当开门命令有效时，门机经 F301 的时间加速到 F300 设定的速度运行。

2）低速开门运行时间到达 F302 后，门机加速到开门高速（F303）运行，加速时间为 F304。

3）开门减速信号有效后，门机减速到 F305 的速度爬行，减速时间为 F306。

4）当开门限位信号有效后，门机减速到 F312 的速度进入开门保持状态，开门保持力矩为 F308。

5）需要力矩维持时，增大 F504。

6）运行曲线中虚线部分表示：当开门曲线选择（F506）为直线加减速时的运行曲线。

（2）正确设置 F6 组与距离控制有关的功能参数

开门运行速度曲线可以用图 5-7 来说明。

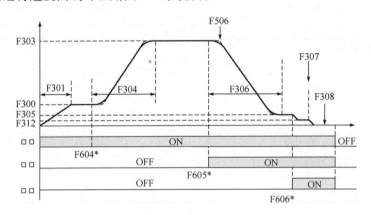

图 5-7　开门运行速度曲线二

距离控制开门过程说明：

1）当开门命令有效时，门机以 F301 的加速时间加速到 F300 的设定速度运行。

2）当开门位置达到 F604 * 门宽后，门机以 F304 的加速时间加速到 F303 的设定速度运行。

3）当开门位置达到 F605 * 门宽后，门机进入减速爬行阶段，爬行速度为F305，减速时间为 F306。

4）当开门位置达到 F606 * 门宽后，门机以 F312 设定的速度进入开门力矩保持状态，保持力矩大小为 F308 决定，此时门位置复位为 100%。

5）命令撤除后，力矩保持结束。如果需要力矩继续维持，增大 F504 的延时时间即可。

6）运行曲线中虚线部分表示当开门曲线选择（F506）为直线加减速时的运行曲线。

10. 关门运行调试

（1）正确设置 F4 组与速度控制有关的功能参数，准确定义减速点和限位信号

关门运行速度曲线可以用图 5-8 来说明。

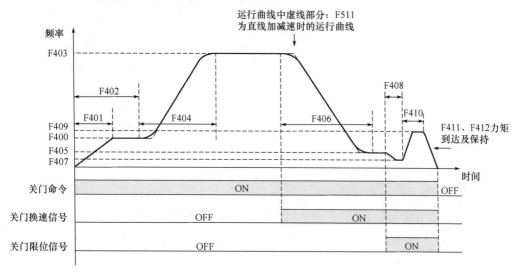

图 5-8　关门运行速度曲线一

行程开关方式关门过程说明：

1）当关门命令有效时，门机经 F401 的时间加速到 F400 设定的速度运行。

2）低速关门运行时间到达 F402 后，门机加速到关门高速（F403）运行，加速时间为 F404。

3）关门减速信号有效后，门机减速到 F405 的速度爬行，减速时间为 F406。

4）当关门限位信号有效后，进入关门保持状态，关门保持力矩为 F407。

5）需要力矩维持时，增大 F504。

6）运行曲线中虚线部分表示当关门曲线选择（F511）为直线加减速时的运行曲线。

若为同步门刀，设置 F409 收刀速度与 F407 的值一致即可。

（2）正确设置 F6 组与距离控制有关的功能参数

关门运行速度曲线可以用图 5-9 来说明。

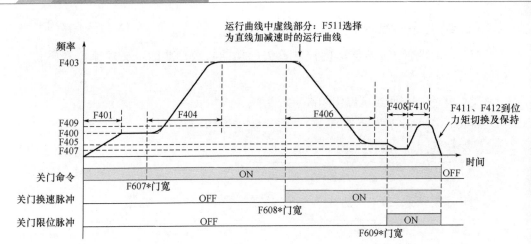

图 5-9　关门运行速度曲线二

距离控制关门过程说明：

1）当关门命令有效时，门机以 F401 的加速时间加速到 F400 的速度运行。

2）当关门位置达到 F607 * 门宽后，门机以 F404 的加速时间加速到 F403 的速度运行。

3）当关门位置达到 F608 * 门宽后，门机开始减速运行，以 F406 的减速时间减到 F405 的速度运行。

4）当关门位置达到 F609 * 门宽后，门机再次减速以 F407 的速度运行。建议 F609≥96.0%，若开关门过程中有脉冲丢失可减小 F609 的值。利用 F620 进行设定收刀的相关动作。

5）收刀完成，当门堵转后，进入力矩保持阶段，此时的保持速度为 F407，保持力矩为 F412，门位置此时复位为 0。

6）关门命令无效时，力矩保持结束。如果需要力矩继续维持，增大 F505 的延时时间即可。

7）运行曲线中虚线部分表示当关门曲线选择（F511）为直线加减速时的运行曲线。

若为同步门刀，设置 F409 收刀速度与 F407 的值一致即可。

（二）系统门机参数

1）根据所配门机，按照说明书检查门机接线，测量门机电源，电梯开至门区，闭合门机电源，将门机打到调试状态，让门机带动厅门运行，观察门机运行方向、门机运行速度、力矩、是否有撞击、开门是否到位，调整门机参数使门机运行正常。

2）根据实际情况设定 FB—00（门机数量）、FB—02～FB—05。根据开门宽度，门机速度设定 FB—06、FB—08，留取适当的余量，以防经常出现门机保护现象。正确设定 FB—09～FB—14，使电梯门系统能够人性化工作（一般默认值即可满足要求）。

门功能参数：

FB—00	门机数量	出厂设定	1	最小单位	1
	设定范围	1～2			

设定门机数量。用户请根据电梯实际使用的门机数量设定此功能参数。

FB—01	轿顶板软件版本	出厂设定	0	最小单位	1
	设定范围	0～99			

电梯一体化控制器连接轿顶板时，此组功能码用来显示所用轿顶板软件的版本号。

FB—02	门1服务层1	出厂设定	65535	最小单位	1
	设定范围	0～65535（设定1～16层）			

此功能码由一个16位的二进制数控制1～16层内允许门1正常开关门的楼层。每一个楼层层门由一位二进制位控制。

1：相应楼层门1可正常开关门；

0：禁止相应楼层门1开门。

在设定本参数时请不要与 F6—05、F6—06 冲突。必须保证电梯门机的服务层首先是系统的服务楼层。

FB—03	门1服务层2	出厂设定	65535	最小单位	1
	设定范围	0～65535（设定17～31层）			

此功能码由一个 16 位的二进制数控制 17～31 层内允许门 1 正常开关门的楼层。每一个楼层层门由一位二进制位控制。

1：相应楼层门 1 可正常开关门；

0：禁止相应楼层门 1 开门。

FB—04	门 2 服务层 1	出厂设定	65535	最小单位	1
	设定范围	0～65535（设定 1～16 层）			

此功能码由一个 16 位的二进制数控制 1～16 层内允许门 2 正常开关门的楼层。每一个楼层层门由一位二进制位控制。

1：相应楼层门 2 可正常开关门；

0：禁止相应楼层门 2 开门。

此功能参数仅当 FB—01 门机数量为 2 时有效。

FB—05	门 2 服务层 2	出厂设定	65535	最小单位	1
	设定范围	0～65535（设定 17～31 层）			

此功能码由一个 16 位的二进制数控制 17～31 层内允许门 2 正常开关门的楼层。每一个楼层层门由一位二进制位控制。

1：相应楼层门 2 可正常开关门；

0：禁止相应楼层门 2 开门。

此功能参数仅当 FB—01 门机数量为 2 时有效。

FB—06	开门时间保护	出厂设定	10s	最小单位	1s
	设定范围	5～99s			
FB—07	到站钟输出延迟	出厂设定	0	最小单位	1s
	设定范围	0～1000ms			
FB—08	关门时间保护	出厂设定	15s	最小单位	1s
	设定范围	5～99s			

开、关门保护时间是指系统在输出开门或关门指令，经过 FB—06 或 FB—08 的时间后仍然没有收到开门或关门到位的反馈信号，则马上转为关门或开门，此

为开关门一次。在达到 FB－09 所设定的开门/关门次数后，系统报 E48 开门故障或 E49 关门故障。

到站钟输出延迟当 FB－07 设定大于 10ms 时有效，即如果 FB－07＞10ms，那么当电梯显示切换为目的楼层时，经过 FB－07 设定时间后再输出到站钟；如果此参数小于 10ms，那么电梯在显示切换为目的楼层时，到站钟立即输出。

FB－09	开门/关门次数	出厂设定	0	最小单位	1
	设定范围	0～20			

该功能码设定在 FB－06/FB－08 时间后允许电梯开关门的次数，当电梯开关门次数超过此设定值时，电梯将报 E48 或 E49 故障。

如果 FB－09＝0 则开关门保护无效，系统开（关）门过程中收不到开门到位（关门到位），将继续进行开（关）门操作。

FB－10	运行基站门状态	出厂设定	0	最小单位	1
	设定范围	0～1			

FB－10 为泊梯基站门状态选择：

0：正常关门；

1：开门等待。

FB－11	外召唤开门保持时间	出厂设定	5s	最小单位	1s
	设定范围	1～30s			

电梯在有厅外召唤而无轿内指令时的开门维持时间。如有关门指令输入，立即响应关门。

FB－12	内召唤开门保持时间	出厂设定	3s	最小单位	1s
	设定范围	1～30s			

电梯在有轿内指令时的开门维持时间。如有关门指令输入，立即响应关门。

FB—13	基站开门保持时间	出厂设定	10s	最小单位	1s
	设定范围	1~30s			

电梯运行到基站后的开门维持时间。如有关门指令输入，立即响应关门。

FB—14	开门保持延迟时间	出厂设定	30s	最小单位	1s
	设定范围	10~1000s			

电梯在有开门延迟信号输入后，对应的开门保持时间。如有关门信号输入，立即响应关门。

五、检修试运行

以上工作完毕电梯准备试运行，检修运行速度由 F3—11 设定。

1）输入信号检查：仔细观察电梯在运行过程中接受的各开关信号的动作顺序是否正常。

2）输出信号检查：仔细观察主板的各输出点的定义是否正确，工作是否正常，所控制的信号、接触器是否正常。

3）运行方向检查：将电梯置于非端站，点动慢车运行，观察实际运行方向是否与目的方向相符，如果方向与实际不符可以任意交换电机侧电源中的两相，并重新做电机调谐。

4）编码器检查：如果电梯运行速度异常或运行中发生抖动或通过操作面板观察到的系统输出电流太大或电机运行有异常声音，请检查编码器接线，交换A、B相。

5）通信检查：观察主板的通信指示灯 COP、HOP 是否正常。

第三节　快车调试

快车调试前请确认上/下强迫减速、限位开关、极限开关动作正常，平层插板安装正确，平层感应器动作顺序正常，编码器接线正确，F1—12 编码器每转脉冲数设置正确。

一、快车前检测

1) 快车调试与慢车调试有一定时间间隔时，要再次执行慢车前调试检查。

2) 确认轿顶板接线正确。

3) CAN 通信、外召接线正确、电源电压为 24V±15％。

4) 确认上下开关架的极限开关、限位开关、强迫减速开关安装正确，动作可靠。

5) 确认各安全开关动作可靠。

6) 确认光幕接线正确。

7) 确认平层感应器接线正确、平层插板安装正确。

8) 对讲装置接线正确、通话正常。

9) 到站钟接线正确。

10) 轿厢照明及风扇接线正确。

二、井道自学习

1) 确保安全、门锁回路导通。

2) 将电梯置于检修状态。

3) 将电梯置于最底层平层位置，并保证下强迫减速信号有效。

若为两层站电梯，须至少有一个平层感应器在平层插板以下，确保能准确测量出平层插板高度。多层时无此要求。

4) 正确设定 F6－00（最高层）、F6－01（最低层），保证 F4－01（当前层楼）为 1。

5) 通过主控板上小键盘 UP、SET 键进行模式切换，进入到模式 F－7 的数据菜单后，数据显示为"0"，按 UP 键改为 1，再按 SET 键系统自动执行井道自学习命令，电梯将以检修速度运行到顶层以 F3－08 的减速度减速停车，完成自学习。自学习不成功，系统提示 E35 故障。如果出现 E45 故障，为强迫减速开关距离不够，请参见 F3 组参数。

6) 核对参数 F3－12～F3－17（1－3 级减速距离），F4－04～F4－65（平层板长度和各层楼距离），检查层高数据是否写入。

如果电梯重新调整过平层插板，请务必在快车运行前重新进行井道自学习。

三、称重自学习

当系统采用模拟量称重时注意以下三种方法。

1. 检查与确认

1）确认称重传感器 0～10V 电压信号与轿顶板（CTB）或主控板正确相连。

2）根据称重传感器连接类型正确设置 F5－36（2：轿顶板输入，3：主控板输入），确认 F8－01 为 0（预转矩无效）。

2. 空载自学习操作方法

1）空载学习时电梯位于在基站位置，保证轿内空载。

2）将称重传感器调整到适当的位置。

3）设置 F8－00 为 0，按下 ENTER 键。

3. 载荷学习操作方法

1）载荷学习时电梯位于基站位置，轿厢内放置 n％的额定载荷。

2）将 F8－00 设为 n％，按下 ENTER 键。

系统将自动识别此台电梯的满载和超载重量值。自学习完毕，如需使用预转矩补偿功能请设定 F8－01 为 1。

当系统采用开关量称重时，注意以下两种方法。

1）检查与确认。

① 检查称重开关的机械部件连接是否到位，确认满载、超载开关信号是否正确输入到轿顶板或主控板相应输入端子。

② 根据满载、超载开关连接类型正确设置 F5－36（1：轿顶板输入，0：主控板输入）。

2）满载、超载学习。

①将轿厢内置入 100％额载的重物，调节满载开关的位置，使得满载开关动作而超载开关不动作，系统识别此种状态为满载。

②将轿厢内置入 110％额载的重物，调节超载开关的位置，使得超载开关动作，系统记忆此种状态为超载。

完成以上工作后电梯准备开始快车运行。

四、快车试运行

1. 轿内指令测试

将电梯置于自动状态，通过小键盘快捷键 F1 功能组或专用控制面板功能码 F7－00 键入单层指令，观察电梯是否按照设定指令运行。

2. 外召指令测试

将电梯置于自动状态，通过专用控制面板功能码 F7－01、F7－02 键入外召上下行指令或每层进行外部指令召唤，观察电梯是否按照设定指令运行。

3. 开关门功能测试

在电梯到站停靠等情况下，观察门能否正常开启，门保持时间是否符合要求；当电梯响应召唤即将运行等情况下，观察门能否正常关闭。

五、快车运行

快车试运行正常以后，将电梯置于检修运行状态，设置增加所需功能，开始快车运行调试。

1. 设定功能

根据用户实际需要设定 FE－32(电梯功能选择 1)、FE－33(电梯功能选择 2)和 F8－08(防捣乱选择)。

2. 调整参数

根据用户需要和实际情况，调整 F6 组参数，设置泊梯、消防、锁梯基站(F6－02、F6－03、F6－04)及服务层(F6－05、F6－06)，以及集选控制、分时服务、并联高峰控制。

3. 消防返基站功能测试

若设置消防返基站功能有效，并且设定了消防基站，可拨动消防基站的消防开关，观察电梯能否正常返回消防基站，到站后是否保持开门。

4. 消防员运行功能

若设置了消防员运行功能(为主控板输入端子控制)，当电梯消防返基后，拨动消防员运行开关，即进入消防员运行状态，电梯不响应外召，门机仅在持续按住开门按钮时才会开门，一旦松开开门按钮，门立即关闭。

5. 再平层功能测试

若设置再平层功能有效，则当电梯到站开门后轿箱位置发生变化时，观察电梯能否再平层，再平层速度是否符合要求，若偏差较大，请适当调节 F3－10。

6. 舒适感的调整

通过 F3 组参数调整电梯运行舒适感，使电梯运行舒适平稳，根据电梯运行的实际情况，参照曲线（如图 5-10）修改相应的参数。

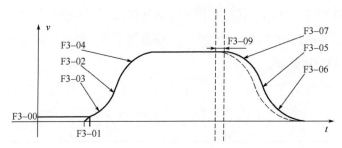

图 5-10　电梯速度曲线

电梯的舒适感会受到很多因素的影响，机械部分调整不到位，参数选定不适当都会引起电梯舒适感不好。

机械部分对电梯舒适感的影响大体上分为以下几种情况：

1）检查电梯曳引机蜗轮、蜗杆；

2）电梯导轨的垂直度不但会影响电梯运行的水平振动，而且会影响电梯运行的垂直振动；

3）电梯运行质量也和轿厢导靴受力有关，因此要想获得较好的 PMT 测试曲线，应该做轿厢静平衡和轿厢动平衡。使轿厢导靴受力最小，才能达到电梯运行质量最好；

4）对重导轨垂直度、对重导靴受力也同样影响到电梯的舒适感；

5）电机抱闸对启、制动影响也很大；

6）电梯电机与曳引机连接处松动或磨损也会影响到电梯的舒适感；

7）电梯钢丝绳拉力不均衡经常是产生振动的振源；

8）轿厢顶、轿底、曳引机底的减振胶垫失效也会影响运行质量。

参数选择对舒适感亦有影响，参数设定不当会引起电梯垂直方向的振动：

1) F1－01～F1－11 的电机参数是控制器控制电机所用到的主要参数，如果所选机型不对、参数设定或自学习不准确，可能会导致电机振动或噪声，从而影响舒适感；

2) F1－12 是设定编码器每转的脉冲数，如果设定与实际脉冲数有差别会导致控制器不能正确识别当前速度和位置，会引起电机振动或噪声；

3) F2－00～F2－07 是控制器 PID 调节时所用到的参数，决定控制器实际输出电压波形对预期输出值的响应快慢，比例调节太大或积分调节太小都会引起连续的波动；

4) F3－18 开始零速输出时间，F3－19 曲线运行延迟时间，F3－20 结束运行延迟时间关系到启动停车时报闸打开时是否为零速，如果不为零速，会引起启动、停车时的顿挫感；

5) F3－03 拐点加速时间 1、F3－04 拐点加速时间 2 是 S 曲线运行到开始段急加速、结束段急加速的加速时间，如果加速时间过短，会引起相应阶段的振动，可适当增加；

6) F3－06 拐点减速时间 1、F3－07 拐点减速时间 2 是 S 曲线运行到开始段急减速、结束段急减速的减速时间，如果减速时间过短，会引起相应阶段的振动，可适当增大；

7) 当 F8－01＝1 即称重预转矩补偿起作用时，F8－03、F8－04 也影响电梯的启动舒适感，调节不当会引起电梯启动过猛，设定值与称重传感器安装位置有关，一般设定值为 0.1～0.4 之间；

8) 进行平层准确度的调整，在机械调整到位的情况下，微调 F4－00 调整停车准确度，电梯停车时，若越平层则减小 F4－00 的设定；欠平层则增大。

第四节 功能参数表

一、功能参数表说明

（1）功能参数的分组

功能参数共有 17 组，每个功能组内包括若干功能码。功能码采用三级菜单，以 FX－XX 形式表示，含义是功能表中第"X"组第"XX"号功能码，如"F8－08"表示为第 F8 组功能的第 8 号功能码。

为了便于功能码的设定，在使用操作面板进行操作时，功能组号对应一级菜单，功能码号对应二级菜单，功能码参数对应三级菜单。

（2）功能表各列内容说明

第 1 列"功能码"为功能参数组及参数的编号；第 2 列"名称"为功能参数的完整名称；第 3 列"设定范围"为功能参数的有效设定值范围，在操作面板 LED 显示器上显示；第 4 列"最小单位"为功能参数设定值的最小单位；第 5 列"出厂设定值"为功能参数的出厂原始设定值；第 6 列"操作"为功能参数的可操作属性（即是否允许操作和条件），说明如下：

"☆"：表示该参数的设定值在 DVF 系列电梯一体化控制器处于停机、运行状态中均可修改；

"★"：表示该参数的设定值在 DVF 系列电梯一体化控制器处于运行状态时不可修改；

"●"：表示该参数的数值是实际检测的记录值，不可修改；

（系统已对各参数的修改属性作了自动检查约束，可帮助避免用户误操作）

（3）出厂设定值

"出厂设定值"表明当进行恢复出厂参数操作时，功能码参数被刷新后的数值；但实际检测的参数值或记录值，则不会被刷新。

（4）密码保护

为了更有效地进行参数保护，对功能码提供了密码保护功能。

二、功能参数表

1. 功能参数表的分组

按 PRG 键后，按 UP/DOWN 键所显示的，所有的一级菜单，即为功能组的分类。详细列表如下：

F0——基本参数　　　　　　　　F9——时间参数

F1——电机参数　　　　　　　　FA——键盘设定参数

F2——矢量控制参数　　　　　　FB——门功能参数

F3——运行控制参数　　　　　　FC——保护功能参数

F4——楼层参数　　　　　　　FD——通信参数

F5——端子功能参数　　　　　FE——电梯功能设置参数

F6——电梯基本参数　　　　　FF——厂家参数

F7——测试功能参数　　　　　FP——用户参数

F8——增强功能参数

2. 功能参数表

功能参数表见表5-2。

表 5-2　　　　　　　　　　　功能参数表

功能码	名称	设定范围	最小单位	出厂设定	操作
F0 组基本参数					
F0－00	控制方式	0：开环矢量 1：闭环矢量	1	1	★
F0－01	命令源选择	0：操作面板控制 1：距离控制	1	1	★
F0－02	面板控制运行速度	0.050～F0－04	0.001m/s	0.050m/s	☆
F0－03	电梯最大运行速度	0.250～F0－04	0.001m/s	1.600m/s	★
F0－04	电梯额定速度	0.250～4.000m/s	0.001m/s	1.600m/s	★
F0－05	电梯额定载重	300～9999kg	1kg	1000kg	★
F0－06	最大频率	20.00Hz～99.00Hz	0.01Hz	50.00Hz	★
F0－07	载波频率	0.5～16.0kHz	0.1kHz	6kHz	☆
F1 组电机参数					
F1－00	编码器类型选择	0：SIN/COS 增量型 （ERN1387 型编码器） 1：UVW 增量型	1	1	★
F1－01	额定功率	1.1～75.0kW	0.1kW	机型确定	★
F1－02	额定电压	0～440V	1V	380V	★
F1－03	额定电流	0.00～655.00A	0.01A	机型确定	★
F1－04	额定频率	0.00～99.00Hz	0.01Hz	50.00Hz	★

续表

功能码	名称	设定范围	最小单位	出厂设定	操作
F1－05	额定转速	0～3000rpm	1rpm	1460rpm	★
F1－06	定子电阻（异步机） 初始角度（同步机）	0.000～30.000Ω 0～359.9°	0.001Ω 0.1°	机型确定	☆
F1－07	转子电阻	0.000～30.000Ω	0.001Ω	机型确定	☆
F1－08	漏感抗（异步机） 接线方式（同步机）	0.00～300.00mH 0～15	0.01mH 1	机型确定	☆
F1－09	互感抗	0.1～3000.0mH	0.1mH	机型确定	☆
F1－10	空载电流 编码器校验选择	0.01～300.00A 0～2	0.01A 1	机型确定	☆
F1－11	自学习选择	0：无操作 1：电机带负载调谐 2：电机无负载调谐 3：井道自学习	1	0	★
F1－12	编码器每转脉冲数	0～10000	1	1024	★
F1－13	编码器故障检测时间	0.0～10.0s	0.1s	2.1s	★
F2组矢量控制参数					
F2－00	速度环比例增益1	0～100	1	40	☆
F2－01	速度环积分时间1	0.01～10.00s	0.01s	0.60s	☆
F2－02	切换频率1	0.00～F2－05	0.01Hz	2.00Hz	☆
F2－03	速度环比例增益2	0～100	1	35	☆
F2－04	速度环积分时间2	0.01～10.00s	0.01s	0.80s	☆
F2－05	切换频率2	F2－02～F0－06	0.01Hz	5.00Hz	☆
F2－06	电流环比例增益	10～500	1	60	☆
F2－07	电流环积分增益	10～500	1	30	☆
F2－08	转矩上限	0.0～200.0%	0.1%	150.0%	☆

续表

功能码	名称	设定范围	最小单位	出厂设定	操作
F2—10	电梯运行方向	0：方向相同 1：运行方向取反；位置脉冲方向取反 2：运行方向相同；位置脉冲方向取反 3：运行方向取反；位置脉冲方向相同	1	0	☆
F3组运行控制参数					
F3—00	启动速度	0.000～0.030m/s	0.001m/s	0.010m/s	★
F3—01	保持时间	0.000～0.500s	0.001s	0.150s	★
F3—02	加速度	0.200～2.000m/s²	0.001m/s²	0.600m/s²	★
F3—03	拐点加速时间1	0.300～4.000s	0.001s	2.500s	★
F3—04	拐点加速时间2	0.300～4.000s	0.001s	2.500s	★
F3—05	减速度	0.200～2.000m/s²	0.001m/s²	0.600m/s²	★
F3—06	拐点减速时间1	0.300～4.000s	0.001s	2.500s	★
F3—07	拐点减速时间2	0.300～4.000s	0.001s	2.500s	★
F3—08	特殊减速度	0.500～2.000m/s²	0.001m/s²	0.900m/s²	★
F3—09	停车距离裕量	0～90.0mm	0.1mm	0.0mm	★
F3—10	再平层速度	0.000～0.080m/s	0.001m/s	0.040m/s	★
F3—11	低速运行速度	0.100～0.630m/s	0.001m/s	0.250m/s	★
F3—12	上1级强迫减速位置	0.00～300.00m	0.01m	0.00m	★
F3—13	下1级强迫减速位置	0.00～300.00m	0.01m	0.00m	★
F3—14	上2级强迫减速位置	0.00～300.00m	0.01m	0.00m	★
F3—15	下2级强迫减速位置	0.00～300.00m	0.01m	0.00m	★
F3—16	上3级强迫减速位置	0.00～300.00m	0.01m	0.00m	★
F3—17	下3级强迫减速位置	0.00～300.00m	0.01m	0.00m	★
F3—18	开始零速输出时间	0.000～1.000s	0.001s	0.200s	★

续表

功能码	名称	设定范围	最小单位	出厂设定	操作
F3－19	曲线运行延迟时间	0.000～1.000s	0.001s	0.200s	★
F3－20	结束运行延迟时间	0.000～1.000s	0.001s	0.300s	★
F4 组楼层参数					
F4－00	平层调整	0～60mm	1mm	30mm	★
F4－01	当前层楼	F6－01～F6－00	1	1	★
F4－02	电梯当前位置高位	0～65535	1	1	●
F4－03	电梯当前位置低位	0～65535	1	34464	●
F4－04	平层插板长度1	0～65535	1	0	★
F4－05	平层插板长度2	0～65535	1	0	★
F4－06	层高1高位	0～65535	1	0	★
F4－07	层高1低位	0～65535	1	0	★
F4－08	层高2高位	0～65535	1	0	★
F4－09	层高2低位	0～65535	1	0	★
F4－10	层高3高位	0～65535	1	0	★
F4－11	层高3低位	0～65535	1	0	★
F4－12	层高4高位	0～65535	1	0	★
F4－13	层高4低位	0～65535	1	0	★
F4－14	层高5高位	0～65535	1	0	★
F4－15	层高5低位	0～65535	1	0	★
F4－16	层高6高位	0～65535	1	0	★
F4－17	层高6低位	0～65535	1	0	★
F4－18	层高7高位	0～65535	1	0	★
F4－19	层高7低位	0～65535	1	0	★
F4－20	层高8高位	0～65535	1	0	★
F4－21	层高8低位	0～65535	1	0	★
F4－22	层高9高位	0～65535	1	0	★

续表

功能码	名称	设定范围	最小单位	出厂设定	操作
F4—23	层高 9 低位	0～65535	1	0	★
F4—24	层高 10 高位	0～65535	1	0	★
F4—25	层高 10 低位	0～65535	1	0	★
F4—26	层高 11 高位	0～65535	1	0	★
F4—27	层高 11 低位	0～65535	1	0	★
F4—28	层高 12 高位	0～65535	1	0	★
F4—29	层高 12 低位	0～65535	1	0	★
F4—30	层高 13 高位	0～65535	1	0	★
F4—31	层高 13 低位	0～65535	1	0	★
F4—32	层高 14 高位	0～65535	1	0	★
F4—33	层高 14 低位	0～65535	1	0	★
F4—34	层高 15 高位	0～65535	1	0	★
F4—35	层高 15 低位	0～65535	1	0	★
F4—36	层高 16 高位	0～65535	1	0	★
F4—37	层高 16 低位	0～65535	1	0	★
F4—38	层高 17 高位	0～65535	1	0	★
F4—39	层高 17 低位	0～65535	1	0	★
F4—40	层高 18 高位	0～65535	1	0	★
F4—41	层高 18 低位	0～65535	1	0	★
F4—42	层高 19 高位	0～65535	1	0	★
F4—43	层高 19 低位	0～65535	1	0	★
F4—44	层高 20 高位	0～65535	1	0	★
F4—45	层高 20 低位	0～65535	1	0	★
F4—46	层高 21 高位	0～65535	1	0	★

续表

功能码	名称	设定范围	最小单位	出厂设定	操作
F4—47	层高 21 低位	0～65535	1	0	★
F4—48	层高 22 高位	0～65535	1	0	★
F4—49	层高 22 低位	0～65535	1	0	★
F4—50	层高 23 低位	0～65535	1	0	★
F4—51	层高 23 低位	0～65535	1	0	★
F4—52	层高 24 高位	0～65535	1	0	★
F4—53	层高 24 低位	0～65535	1	0	★
F4—54	层高 25 高位	0～65535	1	0	★
F4—55	层高 25 低位	0～65535	1	0	★
F4—56	层高 26 高位	0～65535	1	0	★
F4—57	层高 26 低位	0～65535	1	0	★
F4—58	层高 27 高位	0～65535	1	0	★
F4—59	层高 27 低位	0～65535	1	0	★
F4—60	层高 28 低位	0～65535	1	0	★
F4—61	层高 28 低位	0～65535	1	0	★
F4—62	层高 29 高位	0～65535	1	0	★
F4—63	层高 29 低位	0～65535	1	0	★
F4—64	层高 30 高位	0～65535	1	0	★
F4—65	层高 30 低位	0～65535	1	0	★
F4—66	保留	0～65535	1	0	*
F4—67	保留	0～65535	1	0	*
F5 组端子功能参数					
F5—00	司机、自动切换时间	3～200S	1	3	★
F5—01	X1 功能选择	00：未使用 01：上平层常开输入 02：下平层常开输入 03：门区常开输入	1	33	★

续表

功能码	名称	设定范围	最小单位	出厂设定	操作
F5—01	X1 功能选择	04：安全回路反馈常开输入 05：门锁回路反馈常开输入 06：运行输出反馈常开输入 07：抱闸输出反馈常开输入 08：检修信号常开输入 09：检修上行常开输入 10：检修下行常开输入 11：消防信号常开输入 12：上限位信号常开输入 13：下限位信号常开输入 14：超载常开输入 15：满载常开输入 16：上 1 级强迫减速常开输入 17：下 1 级强迫减速常开输入 18：上 2 级强迫减速常开输入 19：下 2 级强迫减速常开输入 20：上 3 级强迫减速常开输入 21：下 3 级强迫减速常开输入 22：封门输出反馈常开输入 23：消防员开关常开输入 24：门机 1 光幕常开输入 25：门机 2 光幕常开输入 26：抱闸输出反馈 2 常开输入 27：UPS 有效常开输入 28：锁梯常开输入 29：安全信号常开输入 2	1	33	★

续表

功能码	名称	设定范围	最小单位	出厂设定	操作
F5—02	X2功能选择	30：同步机封星反馈常开输入 31：门锁回路2反馈常开输入 33：上平层常闭输入 34：下平层常闭输入 35：门区常闭输入 36：安全回路反馈常闭输入 37：门锁回路反馈常闭输入 38：运行输出反馈常闭输入 39：抱闸输出反馈常闭输入 40：检修信号常闭输入 41：检修上行常闭输入 42：检修下行常闭输入 43：消防信号常闭输入 44：上限位信号常闭输入 45：下限位信号常闭输入 46：超载常闭输入 47：满载常闭输入 48：上1级强迫减速常闭输入 49：下1级强迫减速常闭输入 50：上2级强迫减速常闭输入 51：下2级强迫减速常闭输入 52：上3级强迫减速常闭输入 53：下3级强迫减速常闭输入 54：封门输出反馈常闭输入 55：消防员开关常闭输入 56：门机1光幕常闭输入 57：门机2光幕常闭输入 58：抱闸输出反馈2常闭输入 59：UPS有效常闭输入 60：锁梯信号常闭输入 61：安全信号常闭输入2 62：同步机封星反馈常闭输入 63：门锁回路2反馈常闭输入	1	35	★
F5—03	X3功能选择		1	34	★
F5—04	X4功能选择		1	04	★
F5—05	X5功能选择		1	05	★
F5—06	X6功能选择		1	38	★
F5—07	X7功能选择		1	39	★
F5—08	X8功能选择		1	22	★
F5—09	X9功能选择		1	40	★
F5—10	X10功能选择		1	09	★
F5—11	X11功能选择		1	10	★
F5—12	X12功能选择		1	44	★
F5—13	X13功能选择		1	45	★
F5—14	X14功能选择		1	48	★
F5—15	X15功能选择		1	49	★
F5—16	X16功能选择		1	50	★
F5—17	X17功能选择		1	51	★
F5—18	X18功能选择		1	00	★
F5—19	X19功能选择		1	00	★
F5—20	X20功能选择		1	00	★
F5—21	X21功能选择		1	00	★
F5—22	X22功能选择		1	00	★
F5—23	X23功能选择		1	00	★
F5—24	X24功能选择		1	00	★

续表

功能码	名称	设定范围	最小单位	出厂设定	操作
F5-25	轿顶板输入类型选择	0～255	1	64	★
F5-26	Y1 功能选择	0：未使用 1：运行接触器输出 2：抱闸接触器输出	1	1	★
F5-27	Y2 功能选择	3：封门接触器输出 4：消防到基站信号反馈 5：门机 1 开门	1	2	★
F5-28	Y3 功能选择	6：门机 1 关门 7：门机 2 开门 8：门机 2 关门	1	3	★
F5-29	Y4 功能选择	9：抱闸、运行接触器正常 10：故障状态； 11：运行监控；	1	4	★
F5-30	Y5 功能选择	12：同步机封星输出 13：停电应急运行自动切换 14：一体化控制器正常 15：应急蜂鸣输出	1	0	★
F5-31	Y6 功能选择	16：抱闸强激输出 17：电梯上行标记 18：照明风扇输出	1	0	★
F5-32	外召通讯状态				●
F5-33	端子状态显示				●
F5-34	端子状态显示				●
F5-35	称重输入选择	0：轿顶板输入及模拟量输入无效 1：轿顶板开关量输入 2：轿顶板模拟量输入 3：主控板模拟量输入	1	2	★
F6 组电梯基本参数					
F6-00	电梯最高层	F6-01～31	1	9	★
F6-01	电梯最低层	1～F6-00	1	1	★
F6-02	泊梯基站	F6-01～F6-00	1	1	★

续表

功能码	名称	设定范围	最小单位	出厂设定	操作
F6－03	消防基站	F6－01～F6－00	1	1	★
F6－04	锁梯基站	F6－01～F6－00	1	1	★
F6－05	服务层1	0～65535（设定1～16层）	1	65535	★
F6－06	服务层2	0～65535（设定17～31层）	1	65535	★
F6－07	群控数量	1～8	1	1	★
F6－08	电梯编号	1～8	1	1	★
F6－09	并联选择	BIT0：分散待机 BIT1：保留 BIT2：监控口进行并联处理	1	0	★
F6－10	平层感应器延时	10～50ms	1	14ms	★
F6－11	电梯功能选择	Bit4：停车300MS电流斜线方式 BIT5：同步机启动电流检测功能	1	0	★
F6－12	保安层	F6－01～F6－00	1	1	☆
F6－13	下集选1开始时间	00.00～23.59（时．分）	00.01	00.00	☆
F6－14	下集选1结束时间	00.00～23.59（时．分）	00.01	00.00	☆
F6－15	下集选2开始时间	00.00～23.59（时．分）	00.01	00.00	☆
F6－16	下集选2结束时间	00.00～23.59（时．分）	00.01	00.00	☆
F6－17	分时服务1开始	00.00～23.59（时．分）	00.01	00.00	☆
F6－18	分时服务1结束	00.00～23.59（时．分）	00.01	00.00	☆
F6－19	分时服务1服务层1	0～65535（设定1～16层）	1	65535	☆
F6－20	分时服务1服务层2	0～65535（设定17～31层）	1	65535	☆
F6－21	分时服务2开始	00.00～23.59（时．分）	00.01	00.00	☆
F6－22	分时服务2结束	00.00～23.59（时．分）	00.01	00.00	☆
F6－23	分时服务2服务层1	0～65535（设定1～16层）	1	65535	☆

续表

功能码	名称	设定范围	最小单位	出厂设定	操作
F6－24	分时服务2服务层2	0～65535(设定17～31层)	1	65535	☆
F6－25	高峰1开始时间	00.00～23.59(时．分)	00.01	00.00	☆
F6－26	高峰1结束时间	00.00～23.59(时．分)	00.01	00.00	☆
F6－27	高峰1楼层	F6－01～F6－00	1	1	☆
F6－28	高峰2开始时间	00.00～23.59(时．分)	00.01	00.00	☆
F6－29	高峰2结束时间	00.00～23.59(时．分)	00.01	00.00	☆
F6－30	高峰2楼层	F6－01～F6－00	1	1	☆
F7组测试功能参数					
F7－00	测试楼层1	0～电梯最高层(F6－00)	1	0	☆
F7－01	测试楼层2	0～电梯最高层(F6－00)	1	0	☆
F7－02	测试楼层3	0～电梯最高层(F6－00)	1	0	☆
F7－03	随机测试次数	0～60000	1	0	☆
F7－04	外召使能	0：外召有效 1：禁止外召	1	0	☆
F7－05	开门使能	0：允许开门 1：禁止开门	1	0	☆
F7－06	超载功能选择	0：禁止超载运行 1：允许超载运行	1	0	☆
F7－07	限位使能	0：限位开关有效 1：限位开关无效	1	0	☆
F8组增强功能参数					
F8－00	称重自学习设定	0～100%	1%	0%	★
F8－01	预转矩选择	0：预转矩无效 1：称重预转矩补偿 2：预转矩自动补偿	1	0	★
F8－02	预转矩偏移 零伺服电流系数	0.0～100.0% 0.20%～50.0%	0.1%	50.0% 15.0%	★

续表

功能码	名称	设定范围	最小单位	出厂设定	操作
F8－03	驱动侧增益 零伺服速度环 KP	0.00～2.00 0.00～1.00	0.01	0.60 0.50	★
F8－04	制动侧增益 零伺服速度环 TI	0.00～2.00 0.00～2.00	0.01	0.60 0.60	★
F8－05	轿内当前载荷	0～1023	1	0	●
F8－06	轿内负荷空载设置	0～1023	1	0	★
F8－07	轿内负荷满载设置	0～1023	1	100	★
F8－08	防捣乱功能	0：此功能禁止 1：允许(此功能需配称重传感器)	1	0	☆
F8－09	停电应急救援速度	0.000～0.100m/s	0.001m/s	0.050m/s	☆
F8－10	停电应急救援选择	0：电机无运行 1：UPS供电运行	1	0	☆
F8－11	停车力矩输出延时	0.200～1.500s	0.001	0.200	☆
F9 组时间参数					
F9－00	空闲返基站时间	0～240min	1min	10min	☆
F9－01	风扇、照明关闭时间	0～240min	1min	2min	☆
F9－02	最大楼层运行间隔时间	0～45s(3s 以下不作用)	1s	45s	★
F9－03	时钟：年	2000～2100	1	当前时间	☆
F9－04	时钟：月	1～12	1	当前时间	☆
F9－05	时钟：日	1～31	1	当前时间	☆
F9－06	时钟：时	0～23	1	当前时间	☆
F9－07	时钟：分	0～59	1	当前时间	☆
F9－09	累积工作时间	0～65535 小时	1	0	●
F9－11	运行次数高位	0～9999	1	0	●
F9－12	运行次数低位	0～9999	1	0	●

续表

功能码	名称	设定范围	最小单位	出厂设定	操作
FA 组键盘设定参数					
FA—00	小键盘显示选择	0：反向显示，物理楼层 1：正向显示，物理楼层 2：反向显示，外召数据 3：正向显示，外召数据	1	0	☆
FA—01	运行显示选择	1～65535	1	65535	☆
FA—02	停机显示选择	1～65535	1	65535	☆
FA—03	码盘当前角度	0.0～360.0°	0.1°	0.0°	●
FA—04	软件版本 1(FK)	0～65535	1	0	●
FA—05	软件版本 2(ZK)	0～65535	1	0	●
FA—06	软件版本 3(DSP)	0～65535	1	0	●
FA—07	散热器温度	0～100℃	1℃	0℃	●
FB 组门功能参数					
FB—00	门机数量	1～2	1	1	★
FB—01	轿顶板软件版本	0～99	1	0	●
FB—02	门机 1 服务层 1	0～65535（设定 1～16 层）	1	65535	☆
FB—03	门机 1 服务层 2	0～65535（设定 17～31 层）	1	65535	☆
FB—04	门机 2 服务层 1	0～65535（设定 1～16 层） 仅当门机数量为 2 时有效	1	65535	☆
FB—05	门机 2 服务层 2	0～65535（设定 17～31 层） 仅当门机数量为 2 时有效	1	65535	☆
FB—06	开门时间保护	5～99s	1s	10s	☆
FB—07	到站钟输出延迟	0～1000ms	1ms	0	☆
FB—08	关门时间保护	5～99s	1s	15s	☆
FB—09	开门/关门次数	0～20	1	0	☆
FB—10	运行基站门状态	0：正常关门 1：开门等待	1	0	

续表

功能码	名称	设定范围	最小单位	出厂设定	操作
FB—11	外召开门保持时间	1～30s	1s	5s	☆
FB—12	内召开门保持时间	1～30s	1s	3s	☆
FB—13	基站开门保持时间（基站包括单梯、群控，锁梯时用）	1～30s	1s	10s	☆
FB—14	开门保持延迟时间（延长时间）	10～1000s	1s	30s	☆
FC 组保护功能参数					
FC—00	上电对地短路检测选择	0：禁止 1：允许	1	1	★
FC—01	保护选择	BIT0：过载保护选择 0：禁止 1：允许 BIT1：输出缺相选择 0：缺相保护 1：缺相不保护 BIT2：过调制功能选择 0：过调制功能有效 1：过调制功能无效	1	1	☆
FC—02	过载保护系数	0.50～10.00	0.01	1.00	☆
FC—03	过载预警系数	50～100％	1％	80％	☆
FC—04	故障自动复位次数	0：无自动复位功能；0～10	1	0	★
FC—05	复位间隔时间	2～20s	1s	5s	★
FC—06	第1次故障信息	0～3199 其中：高两位是楼层，低两位是故障代码，例如，在楼层1发生故障30（电梯位置异常），则该故障信息是0130 0：无故障 1：逆变单元保护 2：加速过电流	1	0	●

续表

功能码	名称	设定范围	最小单位	出厂设定	操作
FC—06	第1次故障信息	3：减速过电流 4：恒速过电流 5：加速过电压 6：减速过电压 7：恒速过电压 8：保留 9：欠电压故障 10：系统过载 11：电机过载 12：输入侧缺相 13：输出侧缺相 14：模块过热 15：保留 16：保留 17：编码器信号校验异常 18：电流检测故障 19：电机调谐故障 20：旋转编码器故障 21：同步机编码器接线故障 22：平层信号异常 23：对地短路故障 24：保留 25：存储数据异常 26～28：保留 29：同步机封星接触器反馈异常 30：电梯位置异常 31：DPRAM异常 32：CPU异常 33：电梯速度异常 34：逻辑故障 35：井道自学习数据异常 36：接触器反馈异常 37：抱闸反馈异常 38：控制器旋转编码器信号异常	1	0	●

续表

功能码	名称	设定范围	最小单位	出厂设定	操作
FC—06	第1次故障信息	39：电机过热 40：电梯运行超时 41：安全回路断开 42：运行中门锁断开 43：运行中上限位断开 44：运行中下限位断开 45：上下强迫减速开关断开 46：再平层异常 47：封门接触器粘连 48：开门故障 49：关门故障 50：群控通讯故障 51：CAN 通讯故障 52：外召通讯故障 53：门锁短接故障	1	0	●
FC—07	第1次故障月日	0～1231	1	0	●
FC—08	第2次故障信息	0～3199	1	0	●
FC—09	第2次故障月日	0～1231	1	0	●
FC—10	第3次故障信息	0～3199	1	0	●
FC—11	第3次故障月日	0～1231	1	0	●
FC—12	第4次故障信息	0～3199	1	0	●
FC—13	第4次故障月日	0～1231	1	0	●
FC—14	第5次故障信息	0～3199	1	0	●
FC—15	第5次故障月日	0～1231	1	0	●
FC—16	第6次故障信息	0～3199	1	0	●
FC—17	第6次故障月日	0～1231	1	0	●
FC—18	第7次故障信息	0～3199	1	0	●
FC—19	第7次故障月日	0～1231	1	0	●
FC—20	第8次故障信息	0～3199	1	0	●
FC—21	第8次故障月日	0～1231	1	0	●
FC—22	第9次故障信息	0～3199	1	0	●
FC—23	第9次故障月日	0～1231	1	0	●

续表

功能码	名称	设定范围	最小单位	出厂设定	操作
FC—24	第 10 次故障信息	0～3199	1	0	●
FC—25	第 10 次故障月日	0～1231	1	0	●
FC—26	最近一次故障信息	0～3199	1	1	●
FC—27	最近一次故障时速度	0.000～4.000m/s	0.001m/s	0.000	●
FC—28	最近一次故障时电流	0.0～999.9A	0.1A	0.0	●
FC—29	故障时母线电压	0～999V	1V	0	●
FC—30	最近一次故障月日	0～1231	1	0	●
FC—31	最近一次故障时间	00.00～23.59	00.01	00.00	●
FD 组通讯参数					
FD—00	波特率设定	0：300bps 1：600bps 2：1200bps 3：2400bps 4：4800bps 5：9600bps 6：19200bps 7：38400bps	1	5	★
FD—01	数据格式	0：无校验：数据格式＜8，N，2＞ 1：偶检验：数据格式＜8，E，1＞ 2：奇校验：数据格式＜8，O，1＞	1	0	★
FD—02	本机地址	0～127，0：为广播地址	1	1	★
FD—03	应答延时	0～20ms	1ms	10ms	★
FD—04	通讯超时时间	0.1～60.0s，0.0s(无效)	0.1s	0.0s	★
FE 组电梯功能设置参数					
FE—00	集选方式	0：全集选 1：下集选 2：上集选	1	0	☆

续表

功能码	名称	设定范围	最小单位	出厂设定	操作
FE－01	楼层 1 对应显示		1	1901	☆
FE－02	楼层 2 对应显示		1	1902	☆
FE－03	楼层 3 对应显示		1	1903	☆
FE－04	楼层 4 对应显示		1	1904	☆
FE－05	楼层 5 对应显示		1	1905	☆
FE－06	楼层 6 对应显示	0000～1999	1	1906	☆
FE－07	楼层 7 对应显示	其中高两位代表楼层的十位	1	1907	☆
FE－08	楼层 8 对应显示	数显示代码；低两位代表个	1	1908	☆
FE－09	楼层 9 对应显示	位数显示代码；显示代码	1	1909	☆
FE－10	楼层 10 对应显示	如下：	1	0100	☆
FE－11	楼层 11 对应显示	00：显示"0"	1	0101	☆
FE－12	楼层 12 对应显示	01：显示"1"	1	0102	☆
FE－13	楼层 13 对应显示	02：显示"2"	1	0103	☆
FE－14	楼层 14 对应显示	03：显示"3"	1	0104	☆
FE－15	楼层 15 对应显示	04：显示"4"	1	0105	☆
FE－16	楼层 16 对应显示	05：显示"5"	1	0106	☆
FE－17	楼层 17 对应显示	06：显示"6"	1	0107	☆
FE－18	楼层 18 对应显示	07：显示"7"	1	0108	☆
FE－19	楼层 19 对应显示	08：显示"8"	1	0109	☆
FE－20	楼层 20 对应显示	09：显示"9"	1	0200	☆
FE－21	楼层 21 对应显示	10：显示"A"	1	0201	☆
FE－22	楼层 22 对应显示	11：显示"B"	1	0202	☆
FE－23	楼层 23 对应显示	12：显示"G"	1	0203	☆
FE－24	楼层 24 对应显示	13：显示"H"	1	0204	☆
FE－25	楼层 25 对应显示	14：显示"L"	1	0205	☆
FE－26	楼层 26 对应显示	15：显示"M"	1	0206	☆
FE－27	楼层 27 对应显示	16：显示"P"	1	0207	☆
FE－28	楼层 28 对应显示	17：显示"R" 18：显示"一"	1	0208	☆
FE－29	楼层 29 对应显示	19：无显示	1	0209	☆
FE－30	楼层 30 对应显示	20：显示"12" 21：显示"13"	1	0300	☆
FE－31	楼层 31 对应显示 （可作为双开门门 2 外召地址设定）	22：显示"23" 大于 22：无显示	1	0301	☆

续表

功能码	名称	设定范围	最小单位	出厂设定	操作
FE－32	厂方功能设定选择1	0～65535 按位选择，某位为1，则相应功能位有效，详见第六章	1	35843	★
FE－33	厂方功能设定选择2	0～65535 按位选择，某位为1，则相应功能位有效，详见第六章	1	32	★
FP组用户参数					
FP－00	用户密码	0～65535　0：表示无密码	1	0	☆
FP－01	参数更新	0：无 1：恢复出厂参数 2：清除记忆信息	1	0	★
FP－02	用户设定检查	0：无效 1：有效	1	0	★

第五节　功能参数表说明

一、F0 组基本参数

F0－00	控制方式	出厂设定	1	最小单位	1
	设定范围	0、1			

选择系统的运行方式。

0：开环矢量。无速度传感器矢量控制，主要是用于异步电机调试时的检修低速运行或维修时的故障判断运行。

1：闭环矢量。有速度传感器矢量控制，用于正常的距离控制运行。

注意：同步电机不能够开环运行，请在电梯检修运行前进行电机调谐。

F0－01	命令源选择	出厂设定	1	最小单位	1
	设定范围	0、1			

设定系统以何种方式产生运行命令和运行速度指令。

0：操作面板控制。用操作面板的 Run、Stop 键进行控制，运行速度由 F0－02（面板控制运行速度）设定。此方式仅用于测试或者电机调谐过程中。

1：距离控制。DVF 系列电梯使用方式，检修运行时电梯按照 F3－11 参数所设定速度运行；正常运行时根据电梯当前楼层和目的楼层的距离自动计算速度和运行曲线，实现直接停靠。

F0－02	面板控制运行速度	出厂设定	0.050m/s	最小单位	0.001m/s
	设定范围	0.050～F0－04			

该功能仅在功能码 F0－01＝0（操作面板控制）时有效。

它设定了 DVF 系列通过面板控制时速度的初始值。运行中可以修改此功能码，以改变键盘控制时的运行速度。

F0－03	电梯最大运行速度	出厂设定	1.600m/s	最小单位	0.001m/s
	设定范围	0.250～F0－04			

设定电梯在实际运行中的最大速度，其设定值应小于电梯额定速度。

F0－04	电梯额定速度	出厂设定	1.600m/s	最小单位	0.001m/s
	设定范围	0.250～4.000m/s			

它是指电梯标称的额定速度。该功能参数是由电梯的机械和曳引机来决定的，F0－03 表示在 F0－04 的电梯速度范围内运行的实际速度。例如：某个电梯额定速度 1.750m/s，在使用过程中实际电梯最大速度只需要运行在 1.720m/s，那么，F0－03＝1.720m/s，F0－04＝1.750m/s。

F0－05	电梯额定载重	出厂设定	1000kg	最小单位	1kg
	设定范围	300～9999kg			

设定电梯额定载重，防捣乱功能中使用此参数。

F0—06	最大频率	出厂设定	50.00Hz	最小单位	0.01Hz
	设定范围	20.00～99.00Hz			

设定系统可输出的最大频率，该频率一定要大于电动机的额定频率。

F0—07	载波频率	出厂设定	6kHz	最小单位	0.1kHz
	设定范围	0.5～16.0kHz			

载波频率的大小与电机运行时的噪声密切相关。载波频率一般设置在 6kHz 以上时，就可以实现静音运行。建议在噪声允许范围内，尽量以较低载波频率运行。

当载波频率低时，输出电流高次谐波分量增加，电机损耗增加，电机温升增加。

当载波频率高时，电机损耗降低，电机温升减小，但系统损耗增加，系统温升增加，干扰增加。

调整载波频率对下列性能产生的影响：

载波频率	低	～	高
电机噪声	大	～	小
输出电流波形	差	～	好
电机温升	高	～	低
控制器温升	低	～	高
漏电流	小	～	大
对外辐射干扰	小	～	大

二、F1 组电机参数

功能码	名称	出厂设定	最小单位	设定范围
F1—00	编码器类型选择	1	1	0：SIN/COS 1：UVW

对于同步电动机，适配 ERN1387 型 SIN/COS 编码器时选择 0；适配 UVW 编码器时选择 1，且在选择 UVW 型编码器时必须保证编码器极对数和电机极对数相同。

对于异步电动机，此参数无效。

功能码	名称	出厂设定	最小单位	设定范围
F1－01	额定功率	机型确定	0.1kW	1.1～75.0kW
F1－02	额定电压	380V	1V	0～440V
F1－03	额定电流	机型确定	0.01A	0.00～655.00A
F1－04	额定频率	50.00Hz	0.01Hz	0.00～99.00Hz
F1－05	额定转速	1460r/min	1r/min	0～3000r/min

请按照电机的铭牌参数进行设置。

系统具有电机参数自动调谐功能，只有在正确设置电机参数的前提下，系统才能准确完成参数调谐功能，从而实现优良的矢量控制性能。

功能码	名称	出厂设定	最小单位	设定范围
F1－06	定子电阻(异步机)	机型确定	0.001Ω	0.000～30.000Ω
	初始角度(同步机)	机型确定	0.1°	0～359.9°
F1－07	转子电阻	机型确定	0.001Ω	0.000～30.000Ω
F1－08	漏感抗(异步机)	机型确定	0.01mH	0.00～300.00mH
	接线方式(同步机)	机型确定	1	0～15
F1－09	互感抗	机型确定	0.1mH	0.1～3000.0mH
F1－10	空载电流 编码器信号校验选择	机型确定	0.01	0.01～300.00A 0～2

为了保证控制性能，请按系统标准适配电机进行电机配置，若电机功率与标准适配电机差距过大，系统的控制性能将可能下降。

F1－06 参数在应用于不同机型时所代表的含义不同，当应用于异步电机，F1－06 为定子电阻；当应用于永磁同步电机时，F1－06 为编码器初始角度。但是，无论是应用于哪种电机，这个参数均可以由 DVF 系列电梯电机调谐后产生，并且用户可以根据实际情况修改。

电机自动调谐正常结束后，F1－06～F1－10 的设定值自动更新。若编码器为 ERN1387 型 SIN/COS 编码器，F1－10 参数为编码器信号校验选择，调谐前设为 1，调谐结束后应将 F1－10 改成 2。

对于异步电机：DVF 系列电梯系统可通过静止调谐或无负载调谐获得以上参数。如果现场无法对电机进行调谐，可以参考同类铭牌参数相同电机的已知参数手工输入。异步机型每次更改电机额定功率 F1－01 后，系统将 F1－06～F1－10 参数值将自动恢复缺省的标准电机参数。

对于永磁同步电机：DVF 系列电梯系统可通过带负载调谐或无负载调谐获得 F1－06，F1－08 的参数。在更改电机额定功率 F1－01 后，不会更新 F1－06～F1－10。

F1－11	自学习选择	出厂设定	0	最小单位	1
	设定范围	0、1、2、3			

0：无操作。

1：异步机为静止调谐，同步机为带负载调谐。

2：电机无负载调谐，需要电机负载完全脱开，电机在调谐过程中会转动，电机负载也会影响调谐结果。

3：井道参数自学习，电梯运行快车前要进行井道参数自学习。

提示：进行调谐前，必须正确设置电机额定参数(F1－01－F1－05)。为了防止此参数误操作带来的安全隐患，F1－11 设为 2 进行电机无负载调谐时，须手动打开抱闸。

F1－12	编码器每转脉冲数	出厂设定	1024	最小单位	1
	设定范围	0～10000			

设定编码器每转的脉冲数，根据编码器铭牌设定。

在闭环矢量控制时，必须正确设置编码器脉冲数，否则电机无法正常运行。对于异步电动机，当正确设置编码器脉冲数后，仍无法正常运行时，请交换编码器 A、B 相接线。

F1—13	编码器故障检测时间	出厂设定	2.1s	最小单位	0.1s
	设定范围	0.0～10.0s			

设定编码器故障时检测的时间，在电梯开始非零速运行后间隔 F1—13 设定的时间开始检测是否收到编码器信号，如无脉冲信号输入，则提示 E20 码盘故障。小于 1s，检测功能无效。

三、F2 组矢量控制参数

功能码	名称	出厂设定	最小单位	设定范围
F2—00	速度环比例增益 1	40	1	0～100
F2—01	速度环积分时间 1	0.60s	0.01s	0.01～10.00s
F2—02	切换频率 1	2.00Hz	0.01Hz	0.00～F2—05
F2—03	速度环比例增益 2	35	1	0～100
F2—04	速度环积分时间 2	0.80s	0.01s	0.01～10.00s
F2—05	切换频率 2	5.00Hz	0.01Hz	F2—02～F0—05

F2—00 和 F2—01 为运行频率小于切换频率 1(F2—02)时的 PI 调节参数；F2—03 和 F2—04 为运行频率大于切换频率 2(F2—05)时的 PI 调节参数。处于切换频率 1 和切换频率 2 之间 PI 调节参数，为 F2—00、F2—01 和 F2—03、F2—04 的加权平均值。如图 5-11 所示。

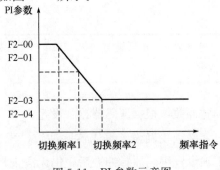

图 5-11　PI 参数示意图

通过设定速度调节器的比例系数和积分时间，可以调节矢量控制的速度动态响应特性。增加比例增益，减小积分时间，均可加快速度环的动态响应。比例增益过大或积分时间过小均可能使系统产生振荡。

建议调节方法：

如果出厂参数不能满足要求，则在出厂值参数基础上进行微调：先增大比例增益，保证系统不振荡；然后减小积分时间，使系统既有较快的响应特性，超调又较小。

如果切换频率1、切换频率2同时为0，则只有F2—03，F2—04有效。

注意：PI参数设置不当时可能会导致速度超调过大，甚至在超调回落时产生过电压故障。

F2—06	电流环比例增益	出厂设定	60	最小单位	1
	设定范围	10～500			

F2—07	电流环积分增益	出厂设定	30	最小单位	1
	设定范围	10～500			

F2—06、F2—07为矢量控制算法中，电流环调节参数。该参数的调节方法与速度环PI参数调节方法相似。同步电机调整此参数对舒适感有较明显的影响，调整合适可抑制电梯运行中的抖动。

F2—08	转矩上限	出厂设定	150.0%	最小单位	0.1%
	设定范围	0.0～200.0%			

设定电机转矩上限，设定为100%时对应系统匹配电机的额定输出转矩。

F2—10	电梯运行方向	出厂设定	0	最小单位	1
	设定范围	0、1			

0：方向相同

1：运行方向取反；位置脉冲方向取反

2：运行方向相同；位置脉冲方向取反

3：运行方向取反；位置脉冲方向相同

在这个功能码中，可以对运行方向(指在电动机接线方式不变的情况下，电动机的运行方向)、位置信号(指 F4－03 用于识别电梯位置的脉冲方向)进行取反。举例：比如电梯安装完成后，检修上行，而电梯实际是下行方向，那么需要将运行方向取反；而检修上行，F4－03 指示的位置脉冲减少(即位置下降)，那么需要将位置脉冲方向取反。

恢复出厂参数时请注意此参数的设定。

四、F3 组运行控制参数

F3－00	启动速度	出厂设定	0.010m/s	最小单位	0.001m/s
	设定范围	0.000～0.030m/s			
F3－01	保持时间	出厂设定	0.150s	最小单位	0.001s
	设定范围	0.000～0.500s			

设定启动速度，能够增强系统克服静摩擦力的能力，但设定过大，会造成电梯启动瞬间的冲击感。两个参数配合使用，可以使电梯启动过程平滑。

F3－02	加速度	出厂设定	$0.600m/s^2$	最小单位	$0.001m/s^2$
	设定范围	$0.200～2.000m/s^2$			
F3－03	拐点加速时间 1	出厂设定	2.500s	最小单位	0.001s
	设定范围	0.300～4.000s			
F3－04	拐点加速时间 2	出厂设定	2.500s	最小单位	0.001s
	设定范围	0.300～4.000s			

这 3 个功能码定义了电梯加速运行过程中的 S 曲线参数：

F3－02 是 S 曲线直线加速过程中的加速度；

F3－03 是 S 曲线加速起始段拐点加速度由 0 变化到 F3－02 所设定的加速度所用的时间，此参数越大，曲线拐点越缓；

F3－04 是 S 曲线加速结束段拐点加速度由 F3－02 所设定的加速度减小到 0 所用的时间，此参数越大，曲线拐点越缓。

F3－05	减速度	出厂设定	0.600m/s²	最小单位	0.001m/s²
	设定范围	0.200～2.000m/s²			
F3－06	拐点减速时间1	出厂设定	2.500s	最小单位	0.001s
	设定范围	0.300～4.000s			
F3－07	拐点减速时间2	出厂设定	2.500s	最小单位	0.001s
	设定范围	0.300～4.000s			

这3个功能码定义了电梯减速运行过程中的S曲线参数：

F3－05是S曲线减速过程中的减速度；

F3－06是S曲线减速结束段拐点减速度由F3－05所设定的减速度减小到0所用的时间，此参数越大，曲线拐点越缓；

F3－07是S曲线减速起始段拐点减速度由0变化到F3－05所设定的减速度所用的时间，此参数越大，曲线拐点越缓；

整个S曲线的设定见图5-12。

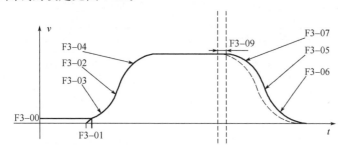

图5-12　速度曲线图

F3－08	特殊减速度	出厂值	0.900m/s²	最小单位	0.001m/s²
	设定范围	0.500～2.000m/s²			

此参数设定了电梯强迫减速时的减速度，以及电梯在检修、井道自学习时的减速度。当强迫减速开关动作时，如果电梯的脉冲数与预期值相差过大，电梯即以特殊减速度减速至0.1m/s并运行至平层位置。

此参数的设定值为：$F3-08 \geqslant \dfrac{(F0-03)^2}{2 \times (F3-13)}$，根据实际情况调整。

F3—09	停车距离裕量	出厂设定	0.0mm	最小单位	0.1mm
	设定范围	0~90.0mm			

电梯运行的距离控制减速提前量，用以消除编码器信号丢失或平层信号延迟等因数的影响，一般用户无须修改。

F3—10	再平层速度	出厂设定	0.040m/s	最小单位	0.001m/s
	设定范围	0.000~0.050m/s			

在门区内的再平层速度，由于不同系统的平层插板长度不同，调节本参数可以保证再平层后的平层精度。通过FE—32选择了再平层功能时使用。

F3—11	低速运行速度	出厂设定	0.250m/s	最小单位	0.001m/s
	设定范围	0.100~0.630m/s			

设定电梯在检修或井道自学习等状态时的低速运行速度。

F3—12	上1级强迫减速开关位置	出厂设定	0.00m	最小单位	0.01m
	设定范围	0.00~300.00m			
F3—13	下1级强迫减速开关位置	出厂设定	0.00m	最小单位	0.01m
	设定范围	0.00~300.00m			
F3—14	上2级强迫减速开关位置	出厂设定	0.00m	最小单位	0.01m
	设定范围	0.00~300.00m			
F3—15	下2级强迫减速开关位置	出厂设定	0.00m	最小单位	0.01m
	设定范围	0.00~300.00m			
F3—16	上3级强迫减速开关位置	出厂设定	0.00m	最小单位	0.01m
	设定范围	0.00~300.00m			
F3—17	下3级强迫减速开关位置	出厂设定	0.00m	最小单位	0.01m
	设定范围	0.00~300.00m			

该距离参数用于表示各强迫减速开关相对于最底层平层的位置，在电梯进行井道参数自学习过程中自动记录。

DVF系列电梯系统控制器最多可以设定3对强迫减速开关，由井道两端向中间楼层依次安装1级、2级、3级强迫减速开关，即1级强迫减速开关安装在靠近端站的位置。在一般低速电梯中，可能只有一对强迫减速开关，而高速电梯则可能有两对或三对强迫减速开关。

本系统自动监测电梯运行到强迫减速开关时的即时运行速度，若检测到速度或位置异常，则系统以F3—08设定的特殊减速度强迫减速，防止电梯冲顶或者蹲底。

建议安装位置：

开关		一级强迫减速开关	二级强迫减速开关	三级强迫减速开关
距离	1.5m/s 以下	1.5m		
	2.0m/s＞v＞1.5m/s	1.5m	3.5m	
	2.0m/s 以上	1.5m	3.5m	5m

强迫减速开关与平层位置之间的安装距离S，按照F3—08的减速度应足以减速至零，即S应满足如下条件：

$$S > \frac{v^2}{2 \times (F3-08)}$$

如果强迫减速的距离太短，电梯进行完井道自学习后会提示故障E45，可以通过增大强迫减速开关的距离或增大参数F3—08的方法来解决。

F3—18	开始零速输出时间	出厂设定	0.200s	最小单位	0.001s
	设定范围	0.000～1.000s			

电梯一体化控制器为保证运行过程中启动的舒适感，在抱闸打开之前，可进行一段时间的零速控制。在这段时间内电机进行励磁，同时输出较大的启动转矩。

F3—19	曲线运行延迟时间	出厂设定	0.200s	最小单位	0.001s
	设定范围	0.000～1.000s			

此参数设置了从系统输出抱闸打开命令到抱闸完全打开需要的时间，一般来

说需要 200ms 左右。在这段时间内系统维持零速输出。

F3-20	结束运行延迟时间	出厂设定	0.300s	最小单位	0.001s
	设定范围	0.000~1.000s			

运行曲线结束时的零速保持时间，一般用户不用修改。

运行过程中，各种信号与曲线的对应关系见图 5-13。

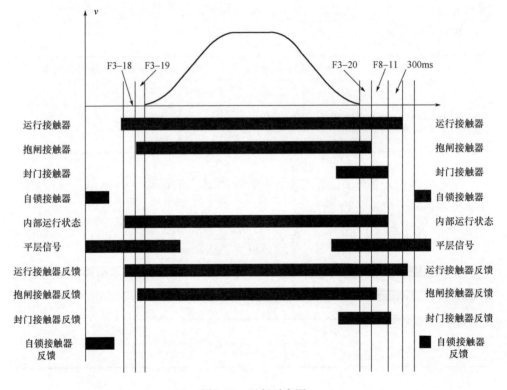

图 5-13　运行时序图

五、F4 组楼层参数

F4-00	平层调整	出厂设定	30mm	最小单位	1mm
	设定范围	0~60mm			

用来保证电梯平层精度：当电梯停车时，平层感应器不在隔磁插板中部时修

改此参数。电梯停车时，若越平层则减小 F4－00 的设定；欠平层则增大。DVF 系列电梯系统控制器内置先进的距离控制算法，并且采用多种方式来保证直接停靠的稳定性，用户一般不需要调整。

F4－01	当前层楼	出厂设定	1	最小单位	1
	设定范围	电梯最低层(F6－01)～电梯最高层(F6－00)			

显示电梯轿厢当前所处位置。

系统在运行过程中会自动修改此参数，并且在上、下强迫减速开关触发后，在平层位置(开门到位)会自动校正该参数。在非底层和顶层楼面时，用户也可手动更改此参数，但此参数必须和实际的当前楼层数相符合。

功能码	名称	出厂设定	最小单位	设定范围
F4－02	电梯当前位置高位	1	1	0～65535
F4－03	电梯当前位置低位	34464	1	0～65535

显示轿厢当前位置相对于最底层平层位置的绝对脉冲数。

功能码	名称	出厂设定	最小单位	设定范围
F4－04	平层插板长度 1	0	1	0～65535
F4－05	平层插板长度 2	0	1	0～65535

实际平层插板的长度对应脉冲数，井道自学习时自动记录。

功能码	名称	出厂设定	最小单位	设定范围
F4－06	层高 1 高位	0	1	0～65535
F4－07	层高 1 低位	0	1	0～65535
⋮	⋮	⋮	⋮	⋮
F4－64	层高 30 高位	0	1	0～65535
F4－65	层高 30 低位	0	1	0～65535

层高 i 是第 i 层与第 $(i+1)$ 层的平层插板之间的高度对应的脉冲数。每一个

层高都对应一个 32 位二进制数，其中高 16 位对应此层高高位，低 16 位对应此层高低位。

例如：4 楼到 5 楼的层高为 F4－12＝6，F4－13＝54321，二进制表示为：

0000，0000，0000，0110，1101，0100，0011，0001

则实际脉冲数以十进制表示为 447537。

六、F5 组端子功能参数

功能码	名称	出厂设定	最小单位	设定范围
F5－00	司机、自动切换时间	3s	1	1～200s

在司机状态下当非本层有召唤时，经过 F5－00 时间后自动转为自动（正常）状态；运行过一次后，自动恢复司机状态；

当 F5－00 参数小于 5 时，上述功能取消，与正常司机功能一样。

功能码	名称	出厂设定	最小单位	设定范围
F5－01	X1 功能选择	33	1	00～63
F5－02	X2 功能选择	35	1	00～63
⋮	⋮	⋮	⋮	⋮
F5－23	X23 功能选择	00	1	00～63
F5－24	X24 功能选择	00	1	00～63

X1～X24 为开关量输入端子，可以选择相应功能码 00～63，同一功能的代码不可重复使用。在使用过程中，如果 X1 端子输入信号为 24V，则主控制板对应的 X1 信号指示灯点亮，依此类推。各功能由相应的代码表示：

00：未使用

即使有信号输入系统也不响应。可将未使用端子设定无功能，防止误动作。

01：上平层常开输入　　02：下平层常开输入　　03：门区常开输入

通过平层感应器信号控制电梯平层停车，系统支持上平层感应器＋下平层感应器或使用上平层感应器＋下平层感应器＋门区感应器，如果用三个平层感应器则上行应依次收到上平层信号、门区信号、下平层信号，下行依次收到下平层信号、门区信号、上平层信号。如果用上平层感应器、下平层感应器两个平层感应器，则上行应依次收到上平层信号、下平层信号，下行依次收到下平层信号、上平层信号。门区信号仅在开门再平层和提前开门功能中使用。如果这 3 个信号异常(粘连或者断开)系统将进行 E22 故障提示。

04：安全回路反馈常开输入　　05：门锁回路反馈常开输入

安全回路是电梯安全可靠运行的重要保证，门锁回路确保厅门和轿门等在电梯启动运行时已闭合，安全回路反馈和门锁回路反馈有效是电梯运行的必要条件。

06：运行输出反馈常开输入　　07：抱闸输出反馈常开输入

系统在输出接触器停止输出后延迟 2s，开始检测运行接触器反馈信号和抱闸接触器反馈信号。

08：检修信号常开输入　09：检修上行常开输入　10：检修下行常开输入

将自动/检修开关拨到检修一侧后，电梯即进入检修工作状态，系统将取消一切自动运行包括自动门的操作。当有检修上行信号或检修下行信号输入时，电梯以检修速度运行。

11：消防信号常开输入

拨动消防开关时，电梯即进入消防状态，立即消除已经被登记的层站召唤和轿内指令信号；就近停层，不开门并直驶消防基站层。到基站后，自动开门。

12：上限位信号常开输入　　13：下限位信号常开输入

上限位信号、下限位信号为电梯驶过端站平层位置未停车时，为了防止电梯冲顶、蹲底而设定的端站停止开关。

14：超载常开输入

正常使用中当电梯所带载荷超过额载 110％时，进入超载状态。超载状态下超载蜂鸣器鸣叫，轿内超载灯亮，电梯不关门。门锁闭合后超载信号无效。在电梯检验过程中，如需 110％额载运行，可通过设定 F7－06＝1 运行。

15：满载常开输入

电梯载荷在 80％～110％之间时为满载状态，基站厅外显示满载，电梯运行过程中不响应外召。

16：上 1 级强迫减速常开输入　17：下 1 级强迫减速常开输入　18：上 2 级强迫减速常开输入　19：下 2 级强迫减速常开输入　20：上 3 级强迫减速常开输

入　21：下 3 级强迫减速常开输入

这几个功能码将相应的输入点设定为强迫减速常开输入，对应相应的强迫减速开关信号。DVF 系列电梯控制系统在井道自学习的过程中，将这些开关的位置记录在 F3 组参数中。

22：封门输出反馈常开输入

当电梯到站提前开门或电梯开门后再平层短接门锁时，发送一个反馈信号，确保电梯以再平层速度运行。

23：消防员开关常开输入

消防员开关输入点，用于消防员运行（二次消防），DVF 系列电梯控制系统在消防返基站运行后，如果有消防员信号则进入消防员运行状态。

24：前光幕常开输入

将此功能码相应端子设定用于光幕 1 信号的常开输入。

25：后光幕常开输入

将此功能码相应端子设定用于光幕 2 信号的常开输入。

26：抱闸输出反馈 2 常开输入

此功能码相应端子设定用于电梯实际运行过程中抱闸动作情况反馈的常开输入。

27：UPS 有效常开输入

此功能码相应端子设定用于停电应急运行是否有效的常开输入。

28：锁梯常开输入

锁梯信号输入点，作用与外召的锁梯信号相同。

29：安全信号 2 常开输入

为了防止安全回路反馈触点粘连造成意外，增加了第 2 个安全回路输入点。如果选择了两个输入点，那么只有在两个同时有效的情况下，DVF 系列电梯控制系统才认可安全回路正常，否则进行 E41 提示。

30：同步机封星反馈常开输入

同步机封星接触器可以保证电梯即使在报闸失灵的情况下不出现高速溜车，可以通过 FE-33 来进行功能设定。

31：门锁 2 回路反馈常开输入

门锁 2 输入，其功能与门锁 1 相同，这样可以方便用户将厅门与轿门信号分开处理。两个门锁反馈信号同时接通系统才认为门锁闭合。

33~63：

这31个参数分别与01~31相对应，01~31将相应的输入点设置为常开输入，而33~63对应为常闭输入。

功能码	名称	出厂设定	最小单位	设定范围
F5－25	轿顶板输入类型选择	64	1	0~255

按位设定定义轿顶控制板的各输入信号的类型：

0：常闭输入；1：常开输入。

如某电梯需要将轿顶输入信号的类型按下表设置：

二进制位	参数	类型设置	二进制位	参数	类型设置
BIT0	光幕1	常闭	BIT4	关门限位1	常闭
BIT1	光幕2	常闭	BIT5	关门限位2	常闭
BIT2	开门限位1	常闭	BIT6	开关量称重3（满载）	常开
BIT3	开门限位2	常闭	BIT7	开关量称重4（超载）	常闭

二进制表示为01000000，对应十进制数为64，则F5－25设为64。

例如：光幕1为常开时，二进制表示为01000001，对应十进制数为65，则F5－25设为65；

功能码	名称	出厂设定	最小单位	设定范围
F5－26	Y1功能选择	1	1	0~16
F5－27	Y2功能选择	2	1	0~16
F5－28	Y3功能选择	3	1	0~16
F5－29	Y4功能选择	4	1	0~16
F5－30	Y5功能选择	0	1	0~16
F5－31	Y6功能选择	0	1	0~16

系统输出为继电器输出，有0~19个功能项：

0：未使用

输出端子无任何功能。

1：运行接触器输出

系统输出运行接触器的吸合命令，控制运行接触器的吸合与释放。

2：抱闸接触器输出

系统输出抱闸接触器的吸合命令，实现对抱闸的输出、释放控制。

3：封门接触器输出

系统输出封门接触器的吸合命令，实现提前开门、开门再平层时对门锁的短接、释放控制。

4：消防到基站信号反馈

消防状态时，当电梯返回消防基站后，系统发出反馈信号，以备监控使用。

5：门1开门

相应端子用于输出开门信号1。

6：门1关门

相应端子用于输出关门信号1。

7：门2开门

相应端子用于输出门2开门信号。

8：门2关门

相应端子用于输出门2关门信号。

9：抱闸、运行接触器正常

相应端子用于输出抱闸、运行接触器正常信号，当出现E37、E36故障时表明抱闸、运行接触器异常，此端子无输出。

10：故障状态

系统处于3、4、5级故障的情况下有效。

11：运行监控

系统处于运行状态。

12：同步机封星输出

控制永磁同步机的封星接触器。当电梯处于停电应急运行状态时，如果曳引机为永磁同步机且为自动应急运行，则抱闸打开，相应端子输出，使电梯自动溜车就近平层开门，详见第7章使用说明。另外，该功能也可以用在电梯正常停车后的情况，增加电梯的安全性。

13：停电应急运行有效

当电梯处于停电应急运行状态时，相应端子有输出。详见第七章使用说明。

14：一体化控制器正常

当一体化控制器正常工作时，相应端子有输出。该功能使用在并联方式下，用于控制并联通讯数据线。

15：应急蜂鸣输出

该功能在应急运行的情况下提示平层情况。

16：抱闸强激输出

每次打开抱闸持续输出 4s，可以用于控制抱闸的启动电压。

17：电梯上行标记

相应端子用于输出电梯上行标记信号。

18：风扇照明输出

相应端子用于输出风扇照明信号，与轿顶板风扇照明信号相同。

功能码	名称	出厂设定	最小单位	设定范围
F5－32	外召状态显示			

当用户进入 F5－32 的菜单后，键盘上数码管的状态即表示了当前外召的通讯状态。为了方便描述，我们将键盘上数码管从左到右的排列顺序是 5，4，3，2，1，数码管的每一段定义如下：

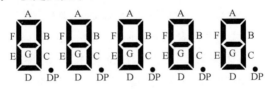

数码管序号	数码管段标记	数码管段"亮"的含义	数码管段"不亮"的含义
1	A	地址拨码为 1 的外召通讯正常	地址拨码为 1 的外召通讯异常
	B	地址拨码为 2 的外召通讯正常	地址拨码为 2 的外召通讯异常
	C	地址拨码为 3 的外召通讯正常	地址拨码为 3 的外召通讯异常
	D	地址拨码为 4 的外召通讯正常	地址拨码为 4 的外召通讯异常

续表

数码管序号	数码管段标记	数码管段"亮"的含义	数码管段"不亮"的含义
1	E	地址拨码为 5 的外召通讯正常	地址拨码为 5 的外召通讯异常
	F	地址拨码为 6 的外召通讯正常	地址拨码为 6 的外召通讯异常
	G	地址拨码为 7 的外召通讯正常	地址拨码为 7 的外召通讯异常
	DP	地址拨码为 8 的外召通讯正常	地址拨码为 8 的外召通讯异常
2	A	地址拨码为 9 的外召通讯正常	地址拨码为 9 的外召通讯异常
	B	地址拨码为 10 的外召通讯正常	地址拨码为 10 的外召通讯异常
	C	地址拨码为 11 的外召通讯正常	地址拨码为 11 的外召通讯异常
	D	地址拨码为 12 的外召通讯正常	地址拨码为 12 的外召通讯异常
	E	地址拨码为 13 的外召通讯正常	地址拨码为 13 的外召通讯异常
	F	地址拨码为 14 的外召通讯正常	地址拨码为 14 的外召通讯异常
	G	地址拨码为 15 的外召通讯正常	地址拨码为 15 的外召通讯异常
	DP	地址拨码为 16 的外召通讯正常	地址拨码为 16 的外召通讯异常
3	A	地址拨码为 17 的外召通讯正常	地址拨码为 17 的外召通讯异常
	B	地址拨码为 18 的外召通讯正常	地址拨码为 18 的外召通讯异常
	C	地址拨码为 19 的外召通讯正常	地址拨码为 19 的外召通讯异常
	D	地址拨码为 20 的外召通讯正常	地址拨码为 20 的外召通讯异常
	E	地址拨码为 21 的外召通讯正常	地址拨码为 21 的外召通讯异常
	F	地址拨码为 22 的外召通讯正常	地址拨码为 22 的外召通讯异常
	G	地址拨码为 23 的外召通讯正常	地址拨码为 23 的外召通讯异常
	DP	地址拨码为 24 的外召通讯正常	地址拨码为 24 的外召通讯异常
4	A	地址拨码为 25 的外召通讯正常	地址拨码为 25 的外召通讯异常
	B	地址拨码为 26 的外召通讯正常	地址拨码为 26 的外召通讯异常
	C	地址拨码为 27 的外召通讯正常	地址拨码为 27 的外召通讯异常
	D	地址拨码为 28 的外召通讯正常	地址拨码为 28 的外召通讯异常
	E	地址拨码为 29 的外召通讯正常	地址拨码为 29 的外召通讯异常
	F	地址拨码为 30 的外召通讯正常	地址拨码为 30 的外召通讯异常
	G	地址拨码为 31 的外召通讯正常	地址拨码为 31 的外召通讯异常
	DP	保留	保留

F5-34	端子状态显示	出厂设定		最小单位	
F5-35	设定范围				

F5-34 表示主控板输入输出端子状态，键盘上数码管从左到右的排列顺序是 5，4，3，2，1，数码管的每一段定义如下：

数码管序号	数码管段标记	数码管段意义	数码管段"亮"的含义
1	B	上平层信号	上平层信号有效
	C	下平层信号	下平层信号有效
	D	门区信号	门区信号有效，处于平层位置
	E	安全回路反馈1	安全回路通
	F	门锁回路反馈1	门锁回路通
	G	运行输出反馈	接触器吸合状态
	DP	抱闸输出反馈1	抱闸打开状态
2	A	检修信号	检修信号有效
	B	检修上行信号	检修上行信号有效
	C	检修下行信号	检修下行信号有效
	D	消防信号	消防信号有效
	E	上限位信号	上限位信号有效，处于上限位状态
	F	下限位信号	下限位信号有效，处于下限位状态
	G	超载信号	主控板端子超载输入有效
	DP	满载信号	主控板端子满载输入有效

续表

数码管序号	数码管段标记	数码管段意义	数码管段"亮"的含义
3	A	上1级强迫减速信号	信号有效，处于上1级强迫减速区域
	B	下1级强迫减速信号	信号有效，处于下1级强迫减速区域
	C	上2级强迫减速信号	信号有效，处于上2级强迫减速区域
	D	下2级强迫减速信号	信号有效，处于下2级强迫减速区域
	E	上3级强迫减速信号	信号有效，处于上3级强迫减速区域
	F	下3级强迫减速信号	信号有效，处于下3级强迫减速区域
	G	封门输出反馈	封门接触器吸合状态
	DP	电机过热信号	电机过热
4	A	门机1光幕	光幕挡住
	B	门机2光幕	光幕挡住
	C	抱闸输出反馈2	抱闸打开状态
	D	UPS输入	主控板信号有效
	E	锁梯输入	主控板信号有效
	F	安全回路反馈2	安全回路通
	G	同步机自锁反馈	自锁接触器闭合
	DP	门锁回路反馈2	门锁回路通
5	A	保留	
	B	运行接触器输出	运行接触器吸合
	C	抱闸接触器输出	抱闸打开
	D	封门接触器输出	封门接触器吸合
	E	消防到基站信号	消防到基站输出

F5—35 低4位数码管表示轿顶板输入输出端子状态，高位第5个数码管表

示部分系统状态，键盘上数码管从左到右的排列顺序是5，4，3，2，1，数码管的每一段定义如下：

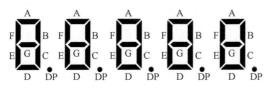

数码管序号	数码管段标记	数码管段意义	数码管段"亮"的含义
1	A	光幕1	光幕挡住
	B	光幕2	光幕挡住
	C	开门到位1	开门到位
	D	开门到位2	开门到位
	E	关门到位1	关门到位
	F	关门到位2	关门到位
	G	满载信号	满载信号有效
	DP	超载信号	超载信号有效
2	A	开门按钮	信号有效
	B	关门按钮	信号有效
	C	开门延时按钮	信号有效
	D	直达信号	信号有效
	E	司机信号	信号有效
	F	换向信号	信号有效
	G	独立运行信号	信号有效
	DP	消防员操作信号	信号有效
3	A	开门输出1	开门输出
	B	关门输出1	关门输出
	C	门锁信号	当前系统门锁通
	D	开门输出2	开门输出
	E	关门输出2	关门输出

续表

数码管序号	数码管段标记	数码管段意义	数码管段"亮"的含义
3	F	门锁信号	当前系统门锁通
	G	上到站钟标记	上到站钟输出
	DP	下到站钟标记	下到站钟输出
4	A	开门按钮显示	开门显示灯亮
	B	关门按钮显示	关门显示灯亮
	C	开门延时按钮显示	开门延时显示灯亮
	D	直达标记	直达有效
	E	保留	
	F	蜂鸣器输出	蜂鸣器输出有效
	G	保留	
	DP	节能标记	风扇/照明输出有效
5	A	系统光幕状态1	光幕挡住
	B	系统光幕状态2	光幕挡住
	C	外召锁梯输入	信号有效
	D	外召消防输入	信号有效
	E	满载信号	系统满载信号有效
	F	超载信号	系统超载信号有效

F5－36	称重输入选择	出厂设定	2	最小单位	1
	设定范围	0、1、2、3			

0：轿顶板输入及模拟量输入无效，系统采用主控板开关量输入时设为0；

1：轿顶板开关量输入；

2：轿顶板模拟量输入；

3：主控板模拟量输入。

F5－36表明轿厢称重信号的通道，在使用称重装置的时候请先正确设置此参数。

七、F6 组电梯基本参数

功能码	名称	出厂设定	最小单位	设定范围
F6—00	电梯最高层	9	1	F6—01～31
F6—01	电梯最低层	1	1	1～F6—00
F6—02	泊梯基站	1	1	F6—01～F6—00

当系统空闲时间超过 F9—00 设定值，电梯将自动返回泊梯基站。

	消防基站	出厂设定	1	最小单位	1
F6—03	设定范围	电梯最低层(F6—01)～电梯最高层(F6—00)			

电梯进入消防返基站状态时，将返回此层站。

	锁梯基站	出厂设定	1	最小单位	1
F6—04	设定范围	电梯最低层(F6—01)～电梯最高层(F6—00)			

电梯进入锁梯状态时，响应完操纵箱指令后电梯将返回此层站。

功能码	名称	出厂设定	最小单位	设定范围
F6—05	服务层 1	65535	1	0～65535
F6—06	服务层 2	65535	1	0～65535

F6—05 设定电梯在 1～16 层中响应哪些楼层的指令，F6—06 设定电梯在 17～31 层中响应哪些楼层的指令。

F6—05 服务层 1 的设置方法：

楼层允许服务与否通过一个 16 位的二进制数来控制，此二进制数从低位到高位分别代表电梯的 1～16 层，相应位设为 1，表示电梯将响应此楼层的召唤，相应位设为 0，则电梯将不响应此楼层的召唤。例如：某电梯需要服务的楼层如下表所示：

二进制位	对应楼层	服务与否	二进制位设置	二进制位	对应楼层	服务与否	二进制位设置
BIT0	1层	允许	1	BIT8	9层	禁止	0
BIT1	2层	禁止	0	BIT9	10层	允许	1
BIT2	3层	允许	1	BIT10	11层	允许	1
BIT3	4层	允许	1	BIT11	12层	禁止	0
BIT4	5层	允许	1	BIT12	13层	允许	1
BIT5	6层	允许	1	BIT13	14层	允许	1
BIT6	7层	允许	1	BIT14	15层	允许	1
BIT7	8层	禁止	0	BIT15	16层	允许	1

相应二进制位的设置附于表中，其二进制数为 1111011001111101，对应十进制数为 63101，则 F6－05 应设为 63101。

F6－06 的设定方法同 F6－05。

F6－07	群控数量	出厂设定	1	最小单位	1
	设定范围	1～8			

用于选择群控数量：

1：单梯运行

2：2 台并联运行

3～8：群控运行(需要群控板 MCTC－GCB－A 配合)

F6－08	电梯编号	出厂设定	1	最小单位	1
	设定范围	1～8			

用于设定并联时电梯的编号，当 F6－07＝1 时，本功能码无效。

1：1 号梯，轿顶板默认拨码为 1 号梯即前三位均为 OFF，此电梯为并联中的主梯，由它完成绝大部分并联逻辑。

2：2 号梯，此时需将对应轿顶板拨码开关 S1 第 1 位设为 ON。

F6－09	并联选择	出厂设定	0	最小单位	1
	设定范围	1～2			

BIT0：分散待机功能选择

BIT1：保留

BIT2：监控口进行并联处理，系统有两种并联实现方法，BIT2＝1则使用监控口进行并联处理。

在未使用监控口（CN2）进行并联处理时，请确保 BIT2＝0，否则，控制器将有不正常运行的可能。

F6－10	平层感应器延时	出厂设定	14ms	最小单位	1ms
	设定范围	10～50ms			

此功能码是指从平层感应器动作到系统平层信号有效的延迟时间，此参数用户无须修改。

F6－11	电梯功能选择	出厂设定	0	最小单位	1
	设定范围	0～65535			

此功能码为电梯功能选择，按位表示标记含义，该位为"1"时表示该功能有效，"0"无效，共有 16 位含义如下：

二进制位	含义	二进制位	含义
BIT0	保留	BIT8	保留
BIT1	保留	BIT9	保留
BIT2	保留	BIT10	保留
BIT3	保留	BIT11	保留
BIT4	停车 300MS 电流斜线方式有效	BIT12	保留
BIT5	同步机启动电流检测功能有效	BIT13	保留
BIT6	保留	BIT14	保留
BIT7	保留	BIT15	保留

部分厂家的永磁同步电动机在电梯应用场合中启动、停止时，由于电动机中电流的突然变化，产生了比较大的声音。通过 F6－11 的 BIT4、BIT5 两个功能选择可以对启动停止进行特殊处理，以消除声音。对于启动时，使用中除了 F6－11 的 BIT5 位要设置为 1，F3－18 也要大于 0.2s。该功能还能在电机抱闸没有打开之前，检测出输出接触器的触点异常情况。

F6－13	保安层	出厂设定	1	最小单位	1
	设定范围	电梯最低层(F6－01)～电梯最高层(F6－00)			

设定电梯的保安层，从晚上 10 点到清晨 6 点保安层有效。电梯每次运行时会先运行到保安层，停层开门，然后再运行到目的楼层，提高安全性。是否使用此功能，请通过 FE－32 设定。

功能码	名称	出厂设定	最小单位	设定范围
F6－14	下集选 1 开始时间	00.00	00.01	00.00～23.59
F6－15	下集选 1 结束时间	00.00	00.01	00.00～23.59
F6－16	下集选 2 开始时间	00.00	00.01	00.00～23.59
F6－17	下集选 2 结束时间	00.00	00.01	00.00～23.59

这四个功能参数定义了两组下集选时间段，在这两段时间内，电梯按照下集选方式工作，即电梯只响应下行外召。

功能码	名称	出厂设定	最小单位	设定范围
F6－18	分时服务 1 开始	00.00	00.01	00.00～23.59
F6－19	分时服务 1 结束	00.00	00.01	00.00～23.59
F6－20	分时服务 1 服务层 1	65535	1	0～65535
F6－21	分时服务 1 服务层 2	65535	1	0～65535
F6－22	分时服务 2 开始	00.00	00.01	00.00～23.59
F6－23	分时服务 2 结束	00.00	00.01	00.00～23.59
F6－24	分时服务 2 服务层 1	65535	1	0～65535
F6－25	分时服务 2 服务层 2	65535	1	0～65535

这组功能参数定义了两组分时服务时间段和相应的分时服务楼层。在所设定的时间内，电梯的服务层由相应的分时服务层参数决定，此时 F6－05、F6－06 设定的楼层参数无效。例如在分时服务时间段 1(F6－18、F6－19)内，电梯只响应分时服务 1 服务层 1、2(F6－20、F6－21)所设定的层站，而不管 F6－05、F6－06 设定的参数。当分时服务 1 和分时服务 2 两段时间重合时，以分时服务 1 服务层为准。分时服务层的设置方法同 F6－05 服务层的设置方法一致。

功能码	名称	出厂设定	最小单位	设定范围
F6－26	高峰 1 开始时间	00.00	00.01	00.00～23.59
F6－27	高峰 1 结束时间	00.00	00.01	00.00～23.59
F6－28	高峰 1 楼层	1	1	F6－00～F6－01
F6－29	高峰 2 开始时间	00.00	00.01	00.00～23.59
F6－30	高峰 2 结束时间	00.00	00.01	00.00～23.59
F6－31	高峰 2 楼层	1	1	F6－00～F6－01

这组功能参数定义了两组并联高峰时间段和相应的高峰楼层。并联高峰是指在并联高峰时间段内，如果从高峰层出发的轿内召唤大于 3 个，则进入高峰服务，此时该高峰层的内召指令一直有效，电梯空闲即返回该层。

如果使用过程中一个时间段需要跨越 0 点，请将这个时间段分解成两个时间段。例如，分时为 22：00 到 7：00 之间 2 层不停，则需要将 22：00 到 7：00 的时间段分解成 22：00 到 23：59 和 00：00 到 7：00。

八、F7 组测试功能参数

此组功能参数为方便电梯调试而专门设定的，所有设定值在系统断电后均不保存，恢复为出厂参数值。

在电梯快速运行试验之前，请确定井道畅通，各参数已设定好。首先要将电梯慢速运行至整个行程的中间楼层，防止电梯运行方向错误。先运行单层指令后，再输入多层指令试运行。

调试完成后，注意检查此组参数是否设置正常。

功能码	名称	出厂设定	最小单位	设定范围
F7-00	测试楼层1	0	1	0～F6-00
F7-01	测试楼层2	0	1	0～F6-00
F7-02	测试楼层3	0	1	0～F6-00
F7-03	随即测试次数	0	1	0～60000

电梯调试或维修时,设定运行的目标楼层。设定范围0～F6-00,设为0时测试楼层无效。本层或小于F6-01的测试楼层指令系统不予以处理。

测试楼层1相当于轿内指令召唤,测试楼层2相当于轿外上召指令,测试楼层3相当于轿外下召指令。此三组测试指令设置后将持续有效,直至将其改为0或系统掉电。

系统具有随机运行功能,模拟电梯日常状态下的运行,每次运行间隔5秒。F7-03设定的次数是系统随机产生目标楼层的次数,如果设定次数大于60000,随机运行将一直进行下去,直到用户将F7-03设定为0。

F7-04	外召使能	出厂设定	0	最小单位	1
	设定范围	0、1			

0:允许外召;

1:禁止外召。

F7-05	开门使能	出厂设定	0	最小单位	1
	设定范围	0、1			

0:允许开门,开关门按钮正常;

1:禁止开门,开关门按钮不起作用,且不自动开门。

F7-06	超载功能选择	出厂设定	0	最小单位	1
	设定范围	0、1			

0:禁止超载运行;

1:允许超载运行。允许超载运行时,电梯自动进入满载状态,满载指示灯亮，不响应外召，直驶目的楼层。正常使用时请设定为 0。

F7－07	限位使能	出厂设定	0	最小单位	1
	设定范围	0、1			

0：限位开关有效；

1：限位开关无效。仅在检验时检测极限开关时用。

上述 F7 组各个功能必须是具有专业资格的人士才能使用，请谨慎对待，由此产生的后果由设定人员自行承担。请务必确保电梯正常使用时 F7 组各个参数设定为 0。

九、F8 组增强功能参数

F8－00	称重自学习	出厂设定	0%	最小单位	1%
	设定范围	0～100%			

称重自学习时设定。称重自学习分三步进行：

（1）保证 F8－01 设定为 0，并且 F5－36 选择 2 或者 3，使系统允许自学习。

（2）将电梯置于任一楼层，轿厢处于空载状态，输入 F8－00 的设定值为 0，并按 ENTER 键输入。

（3）在轿内放入 N% 的负载，设置 F8－00＝N，按 ENTER 键确认。例如：额定载重 1000kg 电梯内放入 100kg 重物，则输入 F8－00＝10。

自学习后，对应的空载、满载数据将记录在 F8－06、F8－07 中，用户也可以根据实际情况手工输入。

应保证按照该顺序进行，否则称重自学习无效。

F8－01	预转矩选择	出厂设定	0	最小单位	1
	设定范围	0、1、2			

0：预转矩无效，称重自学习允许；

1：称重预转矩补偿；称重预转矩补偿功能需配合称重传感器使用；

2：预转矩自动补偿；预转矩自动补偿功能只有在适配 ERN1387 编码器的情

况下才可以开启，系统将自动调整启动时补偿的力矩。

使用预转矩补偿功能时，系统可以预先输出与相应负载匹配的转矩，以保证电梯的舒适感。但输出转矩受转矩上限(F2—08)限制，当负载转矩大于设定的转矩上限时，系统输出转矩为设定的转矩上限。

F8—02	预转矩偏移 零伺服电流系数	出厂设定	50.0% 15.0%	最小单位	0.1%
	设定范围	0.0～100.0% 0.20%～50.0%			
F8—03	驱动侧增益 零伺服速度环 KP	出厂设定	0.60 0.50	最小单位	0.01
	设定范围	0.00～2.00 0.00～1.00			
F8—04	制动侧增益 零伺服速度环 TI	出厂设定	0.60 0.60	最小单位	0.01
	设定范围	0.00～2.00 0.00～2.00			

当轿厢满载时，电梯上行，电机处于驱动运行状态；电梯下行，电机处于制动运行状态；

当轿厢空载时，电梯上行，电机处于制动运行状态；电梯下行，电机处于驱动运行状态。

预转矩偏移设定的参数实际上是电梯的平衡系数，也就是电梯轿厢与对重平衡时，轿厢内放置的重物占额定载重的百分比；驱动侧增益、制动侧增益为使电机工作在驱动侧、制动侧时当前电梯预转矩系数，相同情况下增益越大，电梯启动预转矩补偿也越大。控制器根据称重传感器信号识别制动、驱动状态，自动计算获得所需的转矩补偿值。

系统在使用模拟量称重时，此组参数用于调节电梯的启动，具体调节方法如下：

当电机在驱动状态下运行时，电梯启动倒溜则适当增大 F8—03；电梯启动太猛则适当减小 F8－03。

当电机在制动状态下运行时，电梯启动顺向溜车则适当增大 F8－04；电梯启动太猛则适当减小 F8－04。

F8－02～F8－04 功能码第二排定义应用于无称重时调节电梯启动，从 F8－01 首次设为 2 后有效。

F8－05	轿内当前载荷	出厂设定	0	最小单位	1
	设定范围	0～1023			

F8－05 为只读参数，反映轿厢内的负载情况，其参数是系统对负载的采样值。如果 F5－36 设定的参数小于 2，则 F8－05＝0，因此，使用预转矩补偿功能时必须正确设定 F5－36。

F8－06	轿内负荷空载设置	出厂设定	0	最小单位	1
	设定范围	0～1023			
F8－07	轿内负荷满载设置	出厂设定	100	最小单位	1
	设定范围	0～1023			

此组功能码设定轿内负荷空载和满载的条件，其值为模拟量的 AD 采样值。

如果 F8－06＝F8－07，则超满载无效。

F8－08	防捣乱功能	出厂设定	0	最小单位	1
	设定范围	0、1			

0：此功能禁用；

1：允许，此功能必须配合使用称重传感器或称重开关方可实现，当轿厢内指令数量超过轿内人数加三时消除轿内所有指令，以每个人 70kg 计算。

F8－09	停电应急救援速度	出厂设定	0.050m/s	最小单位	0.001m/s
	设定范围	0.000～0.100m/s			

当电梯进入应急救援运行状态，电梯将以此速度运行到平层位置。此速度不

能太大，应由所选定的 UPS 功率决定，以免在救援过程中，影响供电 UPS 正常工作。

F8－10	停电应急救援选择	出厂设定	0	最小单位	1
	设定范围	0：电机无运行 1：UPS 供电运行			

系统提供两种应急救援方式。

F8－11	停车力矩输出延时	出厂设定	0.200s	最小单位	0.001s
	设定范围	0.200～1.500s			

设定电梯运行完毕输出抱闸闭合指令后，还需要零速多长时间。具体值根据抱闸的不同设定。

十、F9 组时间参数

F9－00	空闲返基站时间	出厂设定	10min	最小单位	1min
	设定范围	0～240min			

设定电梯空闲返基站的时间。当电梯无内召、外召或其他任何指令时，经过此段时间后，将自动返回泊梯基站。此参数设为 0 时该功能无效。

F9－01	风扇、照明关闭时间	出厂设定	2min	最小单位	1min
	设定范围	0～240min			

电梯在自动状态下，无运行指令，经过此段设定的时间后将自动切断风扇、照明电源。此参数设为 0 时该功能无效。

F9－02	最大楼层运行间隔时间	出厂设定	45s	最小单位	1s
	设定范围	0～45s			

电梯正常运行时，轿厢在相临两层内往同一方向持续运行时间超过次参数所

设定的时间后（该段时间内无平层信号），电梯将会出现保护。该参数设定小于 3s 时，此功能无效。

功能码	名称	出厂设定	最小单位	设定范围
F9—03	时钟：年	当前时间	1	2000～2100
F9—04	时钟：月	当前时间	1	1～12
F9—05	时钟：日	当前时间	1	1～31
F9—06	时钟：时	当前时间	1	0～23
F9—07	时钟：分	当前时间	1	0～59

上述参数为电梯控制器内部时间，该时钟可以掉电正常计时。系统电梯根据这个时间完成多种与时间相关的特定功能，例如高峰服务等，因此，用户在电梯第 1 次上电时，应当根据实际时间设定好此参数。

功能码	名称	设定范围	出厂设定	最小单位
F9—09	累积工作时间	1	0～65535h	0
F9—11	运行次数高位	1	0～9999	1
F9—12	运行次数低位	1	0～9999	0

电梯实际运行的时间，以及运行次数累计，这些功能参数为只读参数，用户不能修改。电梯累计运行次数＝运行次数高位×10000＋运行次数低位。

十一、FA 组键盘设定参数

	小键盘显示选择	出厂设定	0	最小单位	1
FA—00	设定范围	0：反向显示，物理楼层 1：正向显示，物理楼层 2：反向显示，外召数据 3：正向显示，外召数据			

DVF 系列电梯控制系统的主控制板上有 3 位 LED 显示，用户可以根据本功

能码设定来改变其显示方向，从而方便用户控制柜的设计，无论主控板正反安装，都方便于查看。设定为 0、1 时小键盘 F0 组显示数据为物理楼层数，设定为 2、3 时小键盘 F0 组显示数据为外召数据。

FA—01	运行显示 1	出厂设定	65535	最小单位	1
	设定范围	0～65535			

此功能码由一个 16 位的二进制数控制操作键盘显示 16 种运行状态参数。每个参数由一位二进制位控制，"1"表示显示该参数，"0"表示不显示该参数。如在电梯运行过程中要按如下表所示的方式显示参数，则相应的二进制设置为：

二进制位	参数	显示与否	二进制位设置	二进制位	参数	显示与否	二进制位设置
BIT0	运行速度	显示	1	BIT8	输出端子	不显示	0
BIT1	设定速度	显示	1	BIT9	当前楼层	不显示	0
BIT2	母线电压	显示	1	BIT10	当前位置	不显示	0
BIT3	输出电压	不显示	0	BIT11	轿厢负载	显示	1
BIT4	输出电流	显示	1	BIT12	轿顶输入状态	不显示	0
BIT5	输出频率	显示	1	BIT13	轿顶输出状态	不显示	0
BIT6	输入端子低位	不显示	0	BIT14	系统状态	显示	1
BIT7	输入端子高位	不显示	0	BIT15	预转矩电流	不显示	0

则设定的二进制数为 0100100000110111，对应的十进制数为 18487，FA—01 应设为 18487。这些显示的参数可通过操作键盘上的移位键＞＞进行切换。

FA—02	停机显示	出厂设定	65535	最小单位	1
	设定范围	0～65535			

此功能码由一个 16 位的二进制数控制操作键盘显示 12 种停机状态参数，显示的参数可通过操作键盘上的移位键＞＞进行切换，如下表。设定方法同 FA—01。

BIT0	额定速度	BIT6	当前位置
BIT1	母线电压	BIT7	轿厢负载
BIT2	输入端子低位	BIT8	额定梯速减速距离
BIT3	输入端子高位	BIT9	轿顶输入状态
BIT4	输出端子	BIT10	轿顶输出状态
BIT5	当前楼层	BIT11	系统状态

系统停车与运行参数是技术人员现场调试时重要参考手段，下面详细描述各个变量的含义：

运行速度：电梯运行的实际速度，是旋转编码器反馈的速度，其最大值是电梯最大速度(F0－03)，单位是 m/s。

设定速度：电梯运行时系统的设定速度，是电梯当前理论计算应该运行速度，单位是 m/s。

母线电压：系统直流母线电压的数值，单位是 V。

输出电压：系统输出 PWM 波形的等效电压有效值，单位是 V。

输出电流：系统驱动电动机运行时实际电流的有效值，单位是 A。

输出频率：运行中电动机实际的频率，该参数与运行速度是固定的对应关系，单位是 Hz。

输入端子低位：按位表示输入端子标记含义，该位为"1"则表示信号有效，共有 16 位含义如下：

二进制位	含义	二进制位	含义
BIT0	保留	BIT8	检修信号
BIT1	上平层信号	BIT9	检修上行信号
BIT2	下平层信号	BIT10	检修下行信号
BIT3	门区信号	BIT11	消防信号
BIT4	安全回路反馈1	BIT12	上限位信号
BIT5	门锁回路反馈1	BIT13	下限位信号
BIT6	运行输出反馈	BIT14	超载信号
BIT7	抱闸输出反馈1	BIT15	满载信号

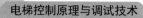

输入端子高位：按位表示输入端子标记含义，该位为"1"则表示信号有效，共有 16 位含义如下：

二进制位	含义	二进制位	含义
BIT0	上 1 级强迫减速信号	BIT8	门机 1 光幕
BIT1	下 1 级强迫减速信号	BIT9	门机 2 光幕
BIT2	上 2 级强迫减速信号	BIT10	抱闸输出反馈 2
BIT3	下 2 级强迫减速信号	BIT11	UPS 输入
BIT4	上 3 级强迫减速信号	BIT12	锁梯输入
BIT5	下 3 级强迫减速信号	BIT13	安全回路反馈 2
BIT6	封门输出反馈	BIT14	同步机自锁反馈
BIT7	电机过热信号	BIT15	门锁回路反馈 2

输出端子：按位表示输出端子标记含义，该位为"1"则表示信号有效，共有 16 位含义如下：

二进制位	含义	二进制位	含义
BIT0	保留	BIT8	门机 2 关门
BIT1	运行接触器输出	BIT9	接触器正常
BIT2	抱闸接触器输出	BIT10	故障状态
BIT3	封门接触器输出	BIT11	系统处于运行状态
BIT4	消防到基站信号	BIT12	保留
BIT5	门机 1 开门	BIT13	保留
BIT6	门机 1 关门	BIT14	保留
BIT7	门机 2 开门	BIT15	应急平层蜂鸣输出

当前楼层：电梯当前运行所处的物理楼层信息，与 F4−01 内容相同。

当前位置：反映当前电梯轿厢距离 1 楼平层插板的绝对位置，单位为 m。

轿厢负载：根据传感器的信息，系统判断轿厢内负载占额定负载的百分比，单位为％。

轿顶输入状态：位表示标记含义，该位为"1"则表示信号有效，共有 16 位含义如下：

二进制位	含义	二进制位	含义
BIT0	光幕 1	BIT8	开门按钮
BIT1	光幕 2	BIT9	关门按钮
BIT2	开门到位 1	BIT10	开门延时按钮
BIT3	开门到位 2	BIT11	直达信号
BIT4	关门到位 1	BIT12	司机信号
BIT5	关门到位 2	BIT13	换向信号
BIT6	满载信号	BIT14	独立运行信号
BIT7	超载信号	BIT15	消防员操作信号

轿顶输出状态：位表示标记含义，该位为"1"则表示信号有效，共有 16 位含义如下：

二进制位	含义	二进制位	含义
BIT0	开门输出 1	BIT8	开门按钮显示
BIT1	关门输出 1	BIT9	关门按钮显示
BIT2	门锁信号	BIT10	开门延时按钮显示
BIT3	开门输出 2	BIT11	直达标记
BIT4	关门输出 2	BIT12	保留
BIT5	门锁信号	BIT13	蜂鸣器输出
BIT6	上到站钟标记	BIT14	保留
BIT7	下到站钟标记	BIT15	节能标记

系统状态：位表示标记含义，该位为"1"则表示信号有效，共有 16 位含义如下：

二进制位	含义	二进制位	含义
BIT0	系统光幕状态1	BIT8	轿厢状态：
BIT1	系统光幕状态2	BIT9	1：开门；2：开门维持；
BIT2	厅外锁梯(外召传递)	BIT10	3：关门；4：关门到位；
BIT3	厅外消防(外召传递)	BIT11	5：运行
BIT4	电梯状态：	BIT12	系统满载
BIT5	0：检修；1：井道自学习；	BIT13	系统超载
BIT6	3：消防返基站；4：消防员；	BIT14	保留
BIT7	6：司机；7：自动(正常)	BIT15	保留

预转矩电流：反映系统在本次电梯启动过程中补偿的预转矩电流占额定电流的百分比，单位为％。

FA－03	码盘当前角度	出厂设定	0.0°	最小单位	0.1°
	设定范围	0.0～360.0°			

显示编码器当前实际的角度，用户不可修改。

功能码	名称	设定范围	出厂设定	最小单位
FA－04	软件版本1(FK)	0～65535	0	1
FA－05	软件版本2(ZK)	0～65535	0	1
FA－06	软件版本3(DSP)	0～65535	0	1
FA－07	散热器温度	0～100℃	0	1℃

显示此电梯一体化控制器所用软件的版本号。FA－07显示散热器当前的温度。

十二、FB 组门功能参数

FB－00	门机数量	出厂设定	1	最小单位	1
	设定范围	1～2			

设定门机数量。用户请根据电梯实际使用的门机数量设定此功能参数。

FB－01	轿顶板软件版本	出厂设定	0	最小单位	1
	设定范围	0～99			

电梯一体化控制器连接轿顶板时，此组功能码用来显示所用轿顶板软件的版本号。

FB－02	门1服务层1	出厂设定	65535	最小单位	1
	设定范围	0～65535(设定1～16层)			

此功能码由一个16位的二进制数控制1～16层内允许门1正常开关门的楼层。每一个楼层层门由一位二进制位控制。

1：相应楼层门1可正常开关门；

0：禁止相应楼层门1开门。

其设置方法同F6－05，详见6.7节。

注意：用户在设定本参数时请不要与F6－05、F6－06冲突。必须保证电梯门机的服务层首先是系统的服务楼层。

FB－03	门1服务层2	出厂设定	65535	最小单位	1
	设定范围	0～65535(设定17～31层)			

此功能码由一个16位的二进制数控制17～31层内允许门1正常开关门的楼层。每一个楼层层门由一位二进制位控制。

1：相应楼层门1可正常开关门；

0：禁止相应楼层门1开门。

FB－04	门2服务层1	出厂设定	65535	最小单位	1
	设定范围	0～65535(设定1～16层)			

此功能码由一个16位的二进制数控制1～16层内允许门2正常开关门的楼层。每一个楼层层门由一位二进制位控制。

1：相应楼层门 2 可正常开关门；

0：禁止相应楼层门 2 开门。

此功能参数仅当 FB－01 门机数量为 2 时有效。

FB－05	门 2 服务层 2	出厂设定	65535	最小单位	1
	设定范围	0～65535（设定 17～31 层）			

此功能码由一个 16 位的二进制数控制 17～31 层内允许门 2 正常开关门的楼层。每一个楼层层门由一位二进制位控制。

1：相应楼层门 2 可正常开关门；

0：禁止相应楼层门 2 开门。

此功能参数仅当 FB－01 门机数量为 2 时有效。

FB－06	开门时间保护	出厂设定	10s	最小单位	1s
	设定范围	5～99s			
FB－07	到站钟输出延迟	出厂设定	0	最小单位	1s
	设定范围	0～1000ms			
FB－08	关门时间保护	出厂设定	15s	最小单位	1s
	设定范围	5～99s			

开、关门保护时间是指系统在输出开门或关门指令，经过 FB－06 或 FB－08 的时间后仍然没有收到开门或关门到位的反馈信号，则马上转为关门或开门，此为开关门一次。在达到 FB－09 所设定的开门/关门次数后，系统报 E48 开门故障或 E49 关门故障。

到站钟输出延迟当 FB－07 设定大于 10ms 时有效，即如果 FB－07＞10ms，那么当电梯显示切换为目的楼层时，经过 FB－07 设定时间后再输出到站钟；如果此参数小于 10ms，那么电梯在显示切换为目的楼层时，到站钟立即输出。

FB－09	开门/关门次数	出厂设定	0	最小单位	1
	设定范围	0～20			

该功能码设定在 FB－06/FB－08 时间后允许电梯开关门的次数，当电梯开

关门次数超过此设定值时，电梯将报 E48 或 E49 故障。

如果 FB−09＝0 则开关门保护无效，系统开（关）门过程中收不到开门到位（关门到位），将继续进行开（关）门操作。

FB−10	运行基站门状态	出厂设定	0	最小单位	1
	设定范围	0～1			

FB−10 为泊梯基站门状态选择：

0：正常关门

1：开门等待

FB−11	外召开门保持时间	出厂设定	5s	最小单位	1s
	设定范围	1～30s			

电梯在有厅外召唤而无轿内指令时的开门维持时间。如有关门指令输入，立即响应关门。

FB−12	内召开门保持时间	出厂设定	3s	最小单位	1s
	设定范围	1～30s			

电梯在有轿内指令时的开门维持时间。如有关门指令输入，立即响应关门。

FB−13	基站开门保持时间	出厂设定	10s	最小单位	1s
	设定范围	1～30s			

电梯运行到基站后的开门维持时间。如有关门指令输入，立即响应关门。

FB−14	开门保持延迟时间	出厂设定	30s	最小单位	1s
	设定范围	10～1000s			

电梯在有开门延迟信号输入后，对应的开门保持时间。如有关门信号输入，立即响应关门。

十三、FC 组保护功能设置参数

FC—00	上电对地短路检测选择	出厂设定	1	最小单位	1
	设定范围	0、1			

通过此功能码设置决定控制器在上电时检测电机是否有对地短路的故障。此参数设为 1 时，电梯在上电瞬间进行检测，如果检测到电机对地短路则立即封锁输出，系统输出 E23 对地短路故障。

此参数设为 0 时，该功能无效。

FC—01	可选保护选择	出厂设定	1	最小单位	1
	设定范围	BIT0：过载保护选择 0：禁止 1：允许 BIT1：输出缺相选择 0：缺相保护 1：缺相不保护 BIT2：过调制功能选择 0：过调制功能有效 1：过调制功能无效			

此功能码对过载保护和输出缺相保护进行设定，主要用于出厂检测，用户无须设置。

FC—02	过载保护系数	出厂设定	1.00	最小单位	0.01
	设定范围	0.50～10.00			

此功能码的参考量为过载电流，当系统检测到输出的电流达到 FC—02×电机额定电流并持续反时限曲线规定时间后，输出 E11 电机过载故障。

FC—03	过载预警系数	出厂设定	80%	最小单位	1%
	设定范围	50%～100%			

此值的参考量为电机过载电流，当系统检测出所输出的电流达到 FC－03×
电机额定电流并持续反时限曲线规定时间后，系统输出预报警信号。

FC－04	故障自动复位次数	出厂设定	0	最小单位	1
	设定范围	0～10			

此功能码设定系统故障时可自动复位的次数，超过此值系统故障待机，等待
修复。

0：表示无自动复位功能。

FC－05	复位间隔时间	出厂设定	5s	最小单位	1s
	设定范围	2～20s			

系统从故障报警到自动复位以及两次故障自动复位之间的等待时间。

功能码	名称	设定范围	出厂设定	最小单位
FC－06	第 1 次故障信息	0～3199	0	1
FC－07	第 1 次故障月日	0～1231	0	1
FC－08	第 2 次故障信息	0～3199	0	1
FC－09	第 2 次故障月日	0～1231	0	1
⋮	⋮	⋮	⋮	⋮
FC－24	第 10 次故障信息	0～3199	0	1
FC－25	第 10 次故障月日	0～1231	0	1
FC－26	最近一次故障信息	0～3199	0	1
FC－27	最近一次故障时速度	0.000～4.000m/s	0.000	0.001m/s
FC－28	最近一次故障时电流	0.0～999.9A	0.0	0.1A
FC－29	最近一次故障时母线电压	0～999V	0	1V
FC－30	最近一次故障月日	0～1231	0	1
FC－31	最近一次故障时间	00.00～23.59	00.00	00.01

此组功能参数可记录电梯最近 11 次故障的故障代码、楼层和时间。其中故
障信息由 4 位组成，高两位表示故障发生时轿厢所在的楼层，低两位表示此时的
故障代码。如若 FC－26 记录的最近一次故障信息的内容为 1035，则表示电梯最
近一次的故障代码为 Err35，发生故障时轿厢处于第 10 层。FC－28～FC－31 记
录了电梯最近一次故障时的输出电流、母线电压及发生故障的具体时间。

十四、FD 组通信参数

功能码	名称	设定范围	出厂设定	最小单位
FD－00	波特率设定	0：300bps 1：600bps 2：1200bps 3：2400bps 4：4800bps 5：9600bps 6：19200bps 7：38400bps	5	1
FD－01	数据格式	0：无校验 1：偶检验 2：奇校验	0	1
FD－02	本机地址	0～127，0：为广播地址	1	1
FD－03	应答延时	0～20ms	10ms	1ms
FD－04	通讯超时时间	0.0～60.0s，0.0s：无效	0.0s	0.1s

此组功能码用于设定控制器的 RS232 串口通信参数，用于系统上位机监控软件通讯。FD－00 设定串行通讯的波特率，FD－01 设定串行通信的数据帧格式，FD－02 设定当前控制器的地址，以上三个参数必须和与控制器进行串行通讯的串行口参数设定一致，才能使两者正常通讯。FD－03 设定控制器通过串行口发送数据的延迟时间，FD－04 设定串口通信超时的时间，每帧数据传输的时间都必须在 FD－04 所设定的时间以内，否则将产生通讯故障。

十五、FE 组电梯功能设置参数

FE－00	集选方式	出厂设定	0	最小单位	1
	设定范围	0、1、2			

0：全集选，电梯响应厅外上行召唤和下行召唤。

1：下集选，电梯只响应厅外下行召唤，不响应厅外上行召唤。

2：上集选，电梯只响应厅外上行召唤，不响应厅外下行召唤。

功能码	名称	设定范围	最小单位	出厂值
FE—01	楼层 1 对应显示		1	1901
FE—02	楼层 2 对应显示		1	1902
FE—03	楼层 3 对应显示		1	1903
FE—04	楼层 4 对应显示	0000～1999	1	1904
FE—05	楼层 5 对应显示	其中高两位代表楼层的	1	1905
FE—06	楼层 6 对应显示	十位数显示代码；低两	1	1906
FE—07	楼层 7 对应显示	位代表个位数显示代码；	1	1907
FE—08	楼层 8 对应显示	显示代码如下：	1	1908
FE—09	楼层 9 对应显示	00：显示"0"	1	1909
FE—10	楼层 10 对应显示	01：显示"1"	1	0100
FE—11	楼层 11 对应显示	02：显示"2"	1	0101
FE—12	楼层 12 对应显示	03：显示"3"	1	0102
FE—13	楼层 13 对应显示	04：显示"4"	1	0103
FE—14	楼层 14 对应显示	05：显示"5"	1	0104
FE—15	楼层 15 对应显示	06：显示"6"	1	0105
FE—16	楼层 16 对应显示	07：显示"7"	1	0106
FE—17	楼层 17 对应显示	08：显示"8"	1	0107
FE—18	楼层 18 对应显示	09：显示"9"	1	0108
FE—19	楼层 19 对应显示	10：显示"A"	1	0109
FE—20	楼层 20 对应显示	11：显示"B"	1	0200
FE—21	楼层 21 对应显示	12：显示"G"	1	0201
FE—22	楼层 22 对应显示	13：显示"H"	1	0202
FE—23	楼层 23 对应显示	14：显示"L"	1	0203
FE—24	楼层 24 对应显示	15：显示"M"	1	0204
FE—25	楼层 25 对应显示	16：显示"P"	1	0205
FE—26	楼层 26 对应显示	17：显示"R"	1	0206
FE—27	楼层 27 对应显示	18：显示"—"	1	0207
FE—28	楼层 28 对应显示	19：无显示	1	0208
FE—29	楼层 29 对应显示	20：显示"12"	1	0209
FE—30	楼层 30 对应显示	21：显示"13"	1	0300
FE—31	楼层 31 对应显示（可作为双开门门 2 外召地址设定）	22：显示"23" 大于 22：无显示	1	0301

此组功能码设定相应楼层厅外显示的内容。其值由 4 位组成，其中高两位代表楼层的十位显示代码，低两位代表个位显示代码。高两位代码和低两位代码代表的含义如下表：

代码	显示	代码	显示
00	0	10	A
01	1	11	B
02	2	12	G
03	3	13	H
04	4	14	L
05	5	15	M
06	6	16	P
07	7	17	R
08	8	18	—
09	9	19	无显示
20	12	21	13
22	23	大于 22	无显示

例如：

电梯实际楼层	所需显示	高两位代码设定	低两位代码设定	对应功能码设定
地下一层	−1	'—'对应代码 18	'1'对应代码 01	1801
一层	G	无显示，对应代码 19	'G'对应代码 12	1912
二层	2	无显示，对应代码 19	'2'对应代码 02	1902
十四层	13A	'13'，对应代码 21	'A'对应代码 10	2110

FE−31 除可设定第 31 层厅外显示的内容外，还可表示单一贯通门复选外召的功能。当 FE−31 设定的值大于等于 10 时表示楼层 31 对应的显示内容。如果电梯最大楼层小于 29 层（F6−00＜29），当 FE−31 设定的值小于 10 时，表示此时第 10 层以下某一层为双门双厅外显示的情况，将此层门 2 外召板的拨码开关地址设为 31，控制系统将可以识别贯通门的门 1 和门 2，此时 FE−31 设定的参

数内容表示外召板拨码为 31 对应的楼层。

例如：电梯最大楼层为 10 层，最小楼层为 1；楼层 2 为双开门并且有两个厅外召唤显示板及按钮。此时应将 FE－31 设定为 2，这样拨码地址为 31 和 2 的两个显示板都可以作为 2 楼的厅外召唤显示板，在这种情况下，拨码为 31 的厅外召唤显示板放在 2 层使用即可实现同层双外召唤显示板功能。但是在这种应用情况下，两个外召唤作用相同，不能进行独立门 1、门 2 控制。

FE－32	厂方功能选择 1	出厂设定	35843	最小单位	1
	设定范围	0～65535			

该功能码设定电梯厂需要的功能。每一个功能是否允许由一位二进制位控制，"1"表示该功能允许，"0"表示该功能禁止。如有一台电梯需要司机功能、消防返基站功能、检修自动关门、内召召唤误删除和门锁短接检测功能有效，其他功能无效，则相应功能的二进制设置如下表：

二进制位	功能	二进制设置	二进制位	功能	二进制设置
BIT0	司机功能	1	BIT8	分时服务层功能	0
BIT1	消防返基站功能	1	BIT9	独立运行	0
BIT2	再平层功能	0	BIT10	检修自动关门	1
BIT3	提前开门功能	0	BIT11	轿内指令误删除	1
BIT4	外召粘连去除	0	BIT12	厅外召唤误删除	0
BIT5	夜间保安层功能	0	BIT13	应急自溜车功能	0
BIT6	下集选高峰服务	0	BIT14	应急自救超时保护	0
BIT7	高峰服务	0	BIT15	门锁短接检测功能	1

上表的二进制数表示为：1000110000000011，转换为十进制数为 35843，则 FE－32 应设为 35843。

FE－33	厂方功能选择 2	出厂设定	32	最小单位	1
	设定范围	0～65535			

出厂默认选择强迫减速粘连检测功能，见下表：

二进制位	功能	二进制设置	二进制位	功能	二进制设置
BIT0	抱闸快速检测功能	0	BIT8	封星接触器常闭输出	0
BIT1	开门到位保持开门	0	BIT9	反平层立即停车	0
BIT2	运行中不输出关门	0	BIT10	称重模拟量输入采用10位AD采样	0
BIT3	检修关门检测关门到位	0	BIT11	轿厢熄灯后不输出关门指令	0
BIT4	触点粘连自动复位	0	BIT12	非服务层反平层不停车功能选择	0
BIT5	强迫减速开关粘连检测	1	BIT13	高速电梯保护功能选择	0
BIT6	同步机封星接触器停机输出	0	BIT14	停车后无召唤情况下，电梯不显示方向	0
BIT7	保留	0	BIT15	贯通门独立控制	0

DVF 系统为了方便电梯厂家进行增值配置，将部分功能通过 FE－32、FE－33 来选择，下面对上述功能解释如下：

（1）司机功能

司机运行状态下，系统不自动响应外召，而是通过轿内楼层指令灯的闪烁来通知司机；司机状态下，不自动关门，关门没完成自动开门。

（2）消防返基站功能

用户可以通过楼层显示板或者主控制板端子(消防信号)进入消防状态，此时电梯立即消除已经被登记的厅外召唤和轿内指令信号，就近平层停车，不开门并直驶消防基站，到站后保持开门。如果此后有消防员信号输入，电梯将进入消防员运行状态。

（3）再平层功能

楼层高的电梯或者重载荷的电梯，当电梯到站开门后，由于负载变化较大，会使电梯轿厢高于(或者低于)地坎。如果选择本功能，电梯会在开门的情况下以很低的速度再平层运行。本功能需要外围封门接触器配合，并且一定要使用上、下平层及门区 3 个平层感应器。

（4）提前开门功能

电梯正常运行的情况下，停车过程中速度小于 0.1m/s，并且在门区信号有效的情况下，通过封门接触器短接门锁信号，然后输出开门信号，可实现提前开门，从而使电梯效率达到最高。

（5）外召粘连去除

一般情况下，如果外召按钮粘连，会造成电梯一直进行本层重复开门，使电梯无法正常工作。使用该功能后，DVF 系统自动识别外召按钮信息，如果发现异常，将这个按钮自动去除，不影响电梯的使用。

（6）独立运行

通过轿厢内的独立运行开关进入独立运行状态，此时电梯不响应厅外召唤，门操作与司机状态时一样，即不自动关门、关门没完成自动开门。如果是在并联或群控情况下，系统自动脱离并联或群控，独立运行。

（7）检修自动关门

检修操作时，如果轿厢门没有关闭，门锁不通，电梯将无法运行。选择本功能，检修操作时，按检修上、下行按钮，电梯将自动关门；不按上、下行按钮，将不输出关门信号。

（8）轿内指令误删除

如果准备删除已经登记的轿内楼层指令，连续按两次改楼层指令按钮（间隔 0.5s 左右），系统会取消这个指令。但是如果电梯正在执行该指令，则无法删除。

（9）厅外召唤误删除

如果准备删除已经登记的外召指令，连续按两次这个召唤按钮（间隔 0.5s 左右），系统会取消这个召唤。

（10）应急自溜车功能

在永磁同步电动机的应用情况下，停电时可以依靠封星接触器实现自溜车运行，当溜车到平层位置后开门。选择本功能，可以在非常经济的情况下实现应急救援工作。

（11）应急自救超时保护

应急救援时，如果轿厢处于平衡负载或者是救援驱动电源容量不足，将造成应急救援时间很长，可能发生危险，选择该功能可以在自溜车救援超过 100s，救援驱动超过 50s 后停止救援。

（12）门锁短接检测功能

电梯自动（正常）运行的情况下，如果开门到位后检测出门锁短接情况，系统进行 E53 报警提示。

（13）报闸快速检测功能

可加快系统对报闸反馈型号的检测。

（14）开门到位保持开门

选择该功能，电梯在开门到位后仍然输出开门信号。

（15）运行中不输出关门

选择该功能，电梯在运行过程中不输出关门信号。

（16）检修关门检测关门到位

选择该功能，系统在检修自动关门功能中判断关门到位信号，否则只以门锁信号来判断电梯关门到位情况。

（17）触点粘连自动复位

检测抱闸、运行接触器的反馈触点，发现触点异常则 E36、E37 故障提示，并且不能自动复位，该功能将在出现这两个故障的情况下，如果故障现象消失则自动复位，最多三次。

（18）强迫减速开关粘连检测

该功能在电梯运行过程中时刻监督强迫减速开关，如果发现粘连则立即强迫减速。

（19）同步机封星接触器停机输出

同步机封星接触器可以保证电梯即使在报闸失灵的情况下不出现高速溜车，DVF 系统输出端子选项 12（同步机封星输出）在该功能作用下会在停机时自动输出。如果选择反馈触点输入（F5－01～F5－24 功能码中有功能码设定为 30 或者 62），DVF 系统将在同步机应用时监控反馈触点，一旦异常则进行 E29 报警。

（20）封星接触器常闭类型

同步机应用中，封星接触器控制采用常闭类型开关。

（21）称重模拟量输入采用 10 位 AD 采样

称重模拟量输入采用 10 位 AD 采样："0"，则称重模拟量采用 8 位 AD 采样；为"1"，则称重模拟量采用 10 位 AD 采样。选择此功能后需要重新进行称重自学习。

（22）轿厢熄灯后不输出关门指令

在节能状态下，电梯不需要再继续输出关门指令，以免门机长时间工作。

（23）非服务层反平层不停车功能选择

选择此功能后，系统在返平层的过程中判断当前平层是否为服务层，若不是服务层，则电梯将运行至最近的服务层平层停车。

（24）高速电梯保护功能选择

目前同步曳引机的高速电梯(超过 2.5m/s)应用越来越多，DVF 系统针对高速电梯的应用场合，增加了特殊的保护功能，进一步防止电梯的意外情况(比如冲顶、蹲底)发生。该功能对于小于 2.5m/s 的电梯不要使用。

（25）停车后无召唤情况下，电梯不显示方向

该功能需要通过 FE－33 的 BIT14 来选择。选择了这个功能，DVF 系统在每次运行停机的时候检测当前电梯是否还有其他召唤，如果没有，则立即将电梯的方向显示取消，不显示方向。

（26）贯通门独立控制包含的功能

1）开门延时：本功能使用后电梯在按开门延时按钮的情况下，电梯不关门。一直保持开门状态，时间不用设定。如果没有按开门延时按钮，则关门功能与标准关门功能相同。

2）门 1、门 2 控制：增加 MCTC－CCB－A 的 JP16 功能，此时 JP16 作为门 1、门 2 控制切换开关。该开关采用按钮的方式，每按一次则进行门 1、门 2 控制切换，第 1 次上电默认为门 1 控制。如果该层只有一个门，则门 1、门 2 控制开关无效；如果有两个门，通过这个按钮来选择，但是不会同时开两个门。该按钮按一下进行一次门 1、门 2 控制切换，每次按必需间隔 3s 以上。

3）外召本层开门：电梯关门后，本层具有再开门功能。

4）停车时开门：停车时，根据几个情况来判断：如果只有单面的外召召唤，电梯停下来后，开有召唤的那一侧门；如果有两面的外召召唤，电梯停下来后，根据门 1、门 2 控制开关判断开哪面门；如果没有外召召唤，只有内招召唤，电梯停下来后，根据门 1、门 2 控制开关判断开哪面门。

5）使用该功能后，电梯最大楼层为 15 楼(物理楼层)，外召地址 1～15 对应

1 楼～15 楼门 1 外召，外召地址 17～31 对应 1 楼～15 楼门 2 外召。

十六、FF 组厂家参数(保留)

十七、FP 组用户参数

FP—00	用户密码	出厂设定	0	最小单位	1
	设定范围	0～65535			

设定为任意一个非零的数字，密码保护功能生效。

00000：清除以前用户设置的密码值，并使密码保护功能无效。

当用户密码设置并生效后，再次进入参数设置状态使，如果密码不正确，将不能查看和修改参数。

请牢记您所设置的密码，如果不慎误设或忘记，请与厂家联系。

FP—01	参数更新	出厂设定	0	最小单位	1
	设定范围	0、1、2			

0：无；

1：恢复出厂参数，此时除 F1 组功能码外，其他所有功能参数值均恢复为出厂参数，请慎用。

2：清除记忆参数，此时将清除所有记录的故障信息。

FP—02	用户设定检查	出厂设定	0	最小单位	1
	设定范围	0、1			

0：无效

1：有效，此时操纵键盘仅显示与出厂设定不相同的参数。

思考题

1. 电梯调试前安全检查内容有哪些？

2. 系统上电之前要检查用户电源。用户电源各相间电压应在(　　)以内。

3. 永磁同步曳引机第一次运行前必须进行(　　)，否则不能正常使用。

4. 永磁同步曳引机在更改了电机接线、更换了编码器或者更改了编码器接线的情况下，必须再次辨识编码器位置角。是否正确？

5. 永磁同步曳引机接线时应确保电机的UVW动力线分别对应接到变频器的UVW接线端口。是否正确？

6. 在电机调谐运行前，必须准确输入电机的铭牌参数。是否正确？

7. 电梯门机控制方式常见有(　　)控制方式和(　　)控制方式。

8. 电梯异步门机在(　　)控制方式下，运行前必须要进行门宽自学习。

9. 在速度控制方式下门机系统中，若关门到位时由于速度快有撞击声音时，可以(　　)关门爬行频率来调节。

10. 开、关门保护时间是指系统在输出开门或关门指令，经过设定的开门保护时间或设定的开门保护时间后仍然没有收到开门或关门到位的反馈信号，则马上停止关门或开门。是否正确？

11. 当电梯开关门次数超过电梯的开门次数设定值时，电梯将报故障，并停止运行。是否正确？

12. 应合理设定电梯的检修运行速度，但最大不能超过(　　)m/s。

13. 快车调试前除正确设定参数外井道中应确认上/下强迫减速、限位开关、极限开关动作正常，平层插板安装正确，平层感应器动作顺序正常等工作。是否正确？

14. 在目前电梯常见控制系统中，快车运行前，首先应进行电梯井道自学习以获得井道数据。否则无法快车运行。是否正确？

15. 电机参数是控制器控制电机所用到的主要参数，如果所选机型不对、参数设定或自学习不准确可能会导致电机振动或噪声，从而影响舒适感。是否正确？

16. 在调整电梯运行舒适感时，PID调节时所用到的参数，决定控制器实际输出电压波形对预期输出值的响应快慢，比例调节太(　　)或积分调节太(　　)都会引起连续的波动。

17. 在变频变压调速系统中，当载波频率低时，电机温升(　　)；当载波频率高时，电机温升(　　)。

18. 在变频变压调速系统中，当载波频率低时，系统温升（　　）；当载波频率高时，系统温升（　　）。

19. 在变频变压调速系统中，当电梯启动较急时，可以适当（　　）启动加速度或（　　）启动加速时间来调节。

第六章　故障诊断及对策

第一节　故障类别说明

DVF 系列电梯控制系统有近 60 项警示信息或保护功能。电梯一体化控制器时刻监视着各种输入信号、运行条件、外部反馈信息等，一旦异常发生，相应的保护功能动作，电梯一体化控制器显示故障代码。

电梯一体化控制器是一个复杂的电控系统，它产生的故障信息可以根据对系统的影响程度分为 5 个类别，不同类别的故障相应的处理方式也不同，对应关系见表 6-1。

表 6-1　　　　　　　　　故障处理方式

故障类别	电梯一体化控制器相应处理	备注
1 级故障	显示故障代码 故障继电器输出动作	各种工况运行不受影响
2 级故障	显示故障代码 故障继电器输出动作 脱离电梯群控（并联）系统	可以进行正常的电梯运行
3 级故障	显示故障代码 故障继电器输出动作 距离控制时停在最近的停靠层，然后禁止运行 其他运行工况下立即停车	停机后立即封锁输出，关闭抱闸

续表

故障类别	电梯一体化控制器相应处理	备注
4级故障	显示故障代码 故障继电器输出动作 距离控制时系统立即封锁输出，关闭抱闸，停机后可以进行低速运行，如反平层，检修等	有故障代码的情况下可以进行低速运行
5级故障	显示故障代码 故障继电器输出动作 系统立即封锁输出，关闭抱闸 禁止运行	禁止运行

第二节　故障信息及对策

如果电梯一体化控制器出现故障报警信息，将会根据故障代码的类别进行相应处理。此时，用户可以根据本节提示的信息进行故障分析，确定故障原因，找出解决方法（表 6-2）。

表 6-2　　　　　　　　故障原因与解决方法

操作面板显示	小键盘显示	故障描述	故障原因	处理方法	故障类别
Err01	E01	逆变单元保护	1. 主回路输出接地或短路 2. 曳引机连线过长 3. 工作环境过热 4. 控制器内部连线松动	1. 排除接线等外部问题 2. 加电抗器或输出滤波器 3. 检查风道与风扇是否正常 4. 请与代理商或厂家联系	5

续表

操作面板显示	小键盘显示	故障描述	故障原因	处理方法	故障类别
Err02	E02	加速过电流	1. 主回路输出接地或短路 2. 电机是否进行了参数调谐 3. 负载太大 4. 编码器信号不正确 5. UPS 运行反馈信号是否正常	1. 检查变频器输出侧，运行接触器是否正常 2. 检查动力线是有表层破损，是否有对地短路的可能性。连线是否牢靠 3. 检查电机侧接线端是否有铜丝搭地 4. 检查电机内部是否短路或搭地 5. 检查封星接触器是否造成变频器输出短路 6. 检查电机参数是否与铭牌相符 7. 重新进行电机参数自学习 8. 检查抱闸报故障前是否持续张开 9. 检查是否有机械上的卡死 10. 检查平衡系数是否正确 11. 检查编码器相关接线是否正确可靠。异步电机可尝试开环运行，比较电流，以判断编码器是否工作正常 12. 检查编码器每转脉冲数设定是否正确 13. 检查编码器信号是否受干扰；检查编码器走线是否独立穿管，走线距离是否过长；屏蔽层是否单端接地 14. 检查编码器安装是否可靠，旋转轴是否与电机轴连接牢靠，高速运行中是否平稳 15. 检查在非 UPS 运行的状态下，是否 UPS 反馈是否有效了(E02) 16. 检查加、减速度是否过大(E02、E03)	5
Err03	E03	减速过电流	1. 主回路输出接地或短路 2. 电机是否进行了参数调谐 3. 负载太大 4. 减速曲线太陡 5. 编码器信号不正确		5
Err04	E04	恒速过电流	1. 主回路输出接地或短路 2. 电机是否进行了参数调谐 3. 负载太大 4. 旋转编码器干扰大		5

续表

操作面板显示	小键盘显示	故障描述	故障原因	处理方法	故障类别
Err05	E05	加速过电压	1. 输入电压过高 2. 电梯倒拉严重 3. 制动电阻选择偏大，或制动单元异常 4. 加速曲线太陡	1. 调整输入电压；观察母线电压是否正常，运行中是否上升太快 2. 检查平衡系数 3. 选择合适制动电阻；参照第三章制动电阻推荐参数表观察是否阻值过大 4. 检查制动电阻接线是否有破损，是否有搭地现象，接线是否牢靠	5
Err06	E06	减速过电压	1. 输入电压过高 2. 制动电阻选择偏大，或制动单元异常 3. 减速曲线太陡		5
Err07	E07	恒速过电压	1. 输入电压过高 2. 制动电阻选择偏大，或制动单元异常		5
Err08	E08	保留			3
Err09	E09	欠电压故障	1. 输入电源瞬间停电 2. 输入电压过过低 3. 驱动控制板异常	1. 排除外部电源问题；检查是否有运行中电源断开的情况 2. 检查所有电源输入线接线桩头是否连接牢靠 3. 请与代理商或厂家联系	5
Err10	E10	系统过载	1. 抱闸回路异常 2. 负载过大 3. 编码器反馈信号是否正常 4. 电机参数是否正确 5. 检查电机动力线	1. 检查抱闸回路，供电电源 2. 减小负载 3. 检查编码器反馈信号及设定是否正确，同步电机编码器初始角度是否正确 4. 检查电机相关参数，并调谐 5. 检查电机相关动力线（参见E02处理方法）	4

续表

操作面板显示	小键盘显示	故障描述	故障原因	处理方法	故障类别
Err11	E11	电机过载	1. FC－02 设定不当 2. 抱闸回路异常 3. 负载过大	1. 调整参数，可保持 FC－02 为默认值 2. 参见 ERR10	3
Err12	E12	输入侧缺相	1. 输入电源不对称 2. 驱动控制板异常	1. 检查输入侧三项电源是否平衡，电源电压是否正常，调整输入电源 2. 请与代理商或厂家联系	4
Err13	E13	输出侧缺相	1. 主回路输出接线松动 2. 电机损坏	1. 检查连线 2. 检查输出侧接触器是否正常 3. 排除电机故障	4
Err14	E14	模块过热	1. 环境温度过高 2. 风扇损坏 3. 风道堵塞	1. 降低环境温度 2. 清理风道 3. 更换风扇 4. 检查变频器的安装空间距离是否符合第三章要求	5
Err17	E17	编码器信号校验异常	对于 1387 编码器，对编码器信号进行校验，信号异常	1. 检查编码器是否正常 2. 检查编码器接线是否可靠正常 3. 检查 pg 卡连线是否正确 4. 控制柜和主机接地是否良好	5
Err18	E18	电流检测故障	驱动控制板异常	请与代理商或厂家联系	5
Err19	E19	电机调谐故障	1. 电机无法正常运转 2. 参数调谐超时 3. 同步机旋转编码器异常	1. 正确输入电机参数 2. 检查电机引线，及输出侧接触器是否缺相 3. 检查旋转编码器接线，确认每转脉冲数设置正确 4. 不带载调谐的时候，检查抱闸是否张开 5. 同步机带载调谐时是否没有完成调谐即松开了检修运行按钮	5

续表

操作面板显示	小键盘显示	故障描述	故障原因	处理方法	故障类别
Err20	E20	旋转编码器故障	1. 旋转编码器型号是否匹配 2. 旋转编码器连线错误 3. 低速时电流持续很大	1. 同步机 F1－00 是否设定正确 2. 检查编码器接线 3. UVW 类型编码器，在电机调谐和停机状态下报 ERR20，请使用万用表检查 PG 卡提供的编码器电源是否正常。测量 U＋(红表笔)与 U－(黑表笔)的电压差，V＋(红表笔)与 V－(黑表笔)的电压差，W＋(红表笔)与 W－(黑表笔)的电压差。确定编码器是否正常 4. 检查运行中是否有机械上的卡死 5. 检查运行中抱闸是否已打开	5
Err21	E21	同步机编码器接线故障	同步机编码器相关参数设定超出范围	1. 检查 F1－06 设定是否大于360，将其清零后重新设定 2. F1－08 设定是否超出范围，将其清零后重新设定	5
Err22	E22	平层信号异常	平层、门区信号粘连或者断开	1. 请检查平层、门区感应器是否工作正常 2. 检查平层插板安装的垂直度与深度 3. 检查主控制板输入点	1
Err23	E23	对地短路故障	输出对地短路	检查动力线或者与厂家联系	5
Err25	E25	存储数据异常	主控制板存储数据异常	请与代理商或厂家联系	5
Err29	E29	同步机封星接触器反馈异常	同步机自锁接触器反馈异常	1. 检查接触器反馈触点与主控板参数设定是否一致(常开，常闭) 2. 检查主控板输出端指示灯与接触器动作是否一致 3. 检查接触器动作后，相对应的反馈触点是否动作，主控板对应反馈输入点动作是否正确 4. 检查封星接触器与主控板输出特性是否一致 5. 检查封星接触器线圈电路	5

续表

操作面板显示	小键盘显示	故障描述	故障原因	处理方法	故障类别
Err30	E30	电梯位置异常	1. 电梯自动运行时，旋转编码器反馈的位置有偏差 2. 电梯自动运行时，平层信号断开或粘连 3. 钢丝打滑或电机堵转	1. 检查平层感应器是否在非平层区域是否会误动作 2. 检查平层信号线连接是否可靠，是否有可能搭地，或者与其他信号短接 3. 确认旋转编码器使用是否正确；走线是否独立穿管；屏蔽层是否单端接地 4. 检查编码器安装是否到位	4
Err31	E31	DPRAM异常	DPRAM读写出现异常	请与代理商或厂家联系，更换控制板	3
Err32	E32	CPU异常	CPU工作异常	1. 检查主控板短接片J9、J10短接片是否只有J9右边两个针脚短接 2. 请与代理商或厂家联系，更换控制板	5
Err33	E33	电梯速度异常	1. 电梯实际运行速度超过电梯最大运行速度的1.15倍 2. 低速运行时速度超过设定的1.2倍 3. 电梯自动运行时，检修开关动作	1. 确认旋转编码器使用是否正确 2. 检查电机铭牌参数设定 3. 重新进行电机调谐 4. 检查检修开关及信号线	4
Err34	E34	逻辑故障	控制板冗余判断，逻辑异常	请与代理商或厂家联系，更换控制板	5

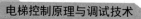
续表

操作面板显示	小键盘显示	故障描述	故障原因	处理方法	故障类别
Err35	E35	井道自学习数据异常	1. 启动时不在最底层 2. 连续运行超过 45s 无平层信号输入 3. 楼层间隔太小 4. 测量过程的最大层站数与设定值不一致 5. 楼层脉冲记录异常 6. 电梯自学习时系统不是检修状态	运行接触器未吸和即报 35 号故障检查： 1. 下一极强迫减速是否有效 2. 当前楼层 F4－01 是否为 1 3. 检修开关是否能在检修状态并够检修运行 4.F0－00 是否为 1 运行接触器刚吸和即报 35 故障： 检查检修开关是否在检修状态，如果不是检修状态立刻报 35 故障(老版本) 遇到第一个平层位置时报 35 故障： 1.f4－03 上行时是否增加，下行减小，如果不是，请调换主控板 PGA、PGB 2. 平层感应器常开常闭设定错误 3. 平层感应器信号有闪动，请检查插板是否安装到位 运行过程中报 35 故障： 1. 检查运行是否超时，运行时间超过时间保护 F9－02，仍没有收到平它信号，一到时间立刻报故障 2. 学到的楼层距离小于 50cm 立刻报故障。此种情况，请检查这一层的插板安装，或者检查感应器 3. 最大楼层 F6－00 设定太小，与实际不符 运行到顶层： 1. 上一级强迫减速有效且到门区时判断，所学习到的楼层数与 F6－00、F6－01 所设定楼层数是否相等 2. 学出来的提升高度总高小于 50cm 时报此故障 上电时候报故障： 上点检测插板长度为 0 则报此故障	

续表

操作面板显示	小键盘显示	故障描述	故障原因	处理方法	故障类别
Err36	E36	接触器反馈异常	1. 在抱闸打开时，运行接触器没有吸合 2. 电梯运行中连续 1s 以上，接触器反馈信号丢失 3. 接触器反馈信号粘连 4. 接触器闭合以后没有反馈信号	1. 检查接触器反馈触点动作是否正常 2. 检查接触器反馈触点与主控板参数设定是否一致（常开、常闭） 3. 检查电梯一体化控制器的输出线 U、V、W 是否连接正常 4. 检查接触器控制电路电源是否正常	5
Err37	E37	抱闸反馈异常	抱闸输出与反馈信号不一致	1. 检查抱闸线圈及反馈触点是否正确 2. 确认反馈触点的信号特征（常开、常闭） 3. 检查抱闸线圈控制电路电源是否正常	5
Err38	E38	控制器旋转编码器信号异常	1. 电梯自动运行时，无旋转编码器脉冲输入 2. 电梯自动运行时，输入的旋转编码器信号方向不对 3. 距离控制下设定为开环运行(F0—00)	1. 确认旋转编码器使用是否正确 2. 更换旋转编码器的 A、B 相 3. 检查 F0—00 的设定，修改为闭环控制 4. 检查系统接地与信号接地是否可靠 5. 检查编码器与 PG 卡之间线路是否正确	5
Err39	E39	电机过热	电机过热继电器输入有效	1. 检查电机是否使用正确，电机是否损坏 2. 改善电机的散热条件	3

续表

操作面板显示	小键盘显示	故障描述	故障原因	处理方法	故障类别
Err40	E40	电梯运行超时	电梯运行设定时间到	1. 电梯速度太低或楼层高度太大 2. 电梯使用时间过长，需要维修保养	4
Err41	E41	安全回路断开	安全回路信号断开	1. 检查安全回路各开关，查看其状态 2. 检查外部供电是否正确 3. 检查安全回路接触器动作是否正确 4. 检查安全回路接触器反馈触点信号特征(常开、常闭)	5
Err42	E42	运行中门锁断开	电梯运行过程中，门锁回路反馈断开	1. 检查厅，轿门锁是否接触正常 2. 检查门锁接触器动作是否正常 3. 检查门锁接触器反馈点信号特征(常开、常闭) 4. 检查外围供电是否正常	5
Err43	E43	运行中上限位信号断开	电梯向上运行过程中，上限位信号断开	1. 检查上限位信号特征(常开、常闭) 2. 检查上限位开关是否接触正常 3. 限位开关安装偏低，正常运行至底层也会动作	4
Err44	E44	运行中下限位信号断开	电梯向下运行过程中，下限位信号断开	1. 检查下限位信号特征(常开、常闭) 2. 检查下限位开关是否接触正常 3. 限位开关安装偏低，正常运行至底层也会动作	4

续表

操作面板显示	小键盘显示	故障描述	故障原因	处理方法	故障类别
Err45	E45	上下减速开关断开	停机时，上、下1级减速开关同时断开；强迫减速动作，电梯减速后也会提示E045，但是在2s后自动复位	1. 检查上、下1级减速开关接触正常 2. 确认上、下1级减速信号特征(常开、常闭)	4
Err46	E46	再平层异常	1. 再平层运行速度超过0.1m/s 2. 再平层运行不在平层区域 3. 运行过程中封门反馈异常	1. 检查封门继电器原边、副边线路 2. 检查封门反馈功能是否选择、信号是否正常 3. 确认旋转编码器使用是否正确	1
Err47	E47	封门接触器粘连	有预开门和再平层时，封门接触器粘连	1. 检查封门接触器反馈出点信号特征(常开、常闭) 2. 检查封门接触器动作是否正常	5
Err48	E48	开门故障	连续开门不到位次数超过FB—09设定	1. 检查门机系统工作是否正常 2. 检查轿顶控制板是否正常	5
Err49	E49	关门故障	连续关门不到位次数超过FB—09设定	1. 检查门机系统工作是否正常 2. 检查轿顶控制板是否正常	5
Err50	E50	群控通讯故障	群控通讯连续出错超过10s	1. 检查通讯线缆连接 2. 检查电梯一体化控制器地址定义	2
Err51	E51	CAN通讯故障	1. CAN通讯连续无正确反馈数据 2. CAN通讯接收连续出错	1. 检查通讯线缆连接 2. 检查轿顶控制板供电 3. 检查电梯一体化控制器的24V电源是否正常	3

续表

操作面板显示	小键盘显示	故障描述	故障原因	处理方法	故障类别
Err52	E52	外召通讯故障	外召通讯没有正常反馈数据	1. 检查通讯线缆连接 2. 检查电梯一体化控制器的24V电源是否正常 3. 检查外召控制板地址设定是否重复	1
Err53	E53	门锁短接故障	电梯自动运行状态下，停车没有门锁断开过程	1. 检查门锁回路动作是否正常 2. 检查门锁接触器反馈触电动作是否正常 3. 检查在门锁信号有效的情况下系统收到了开门到位信号	4

思考题

1. 在苏州德奥电梯的控制系统中，若电梯停止运行，并且报 E41 故障号码，是什么故障？如何检查？

2. 在苏州德奥电梯的控制系统中，若电梯停止运行，并且报 E42 故障号码，是什么故障？如何检查？

3. 在苏州德奥电梯的控制系统中，若电梯停止运行，并且报 E43 故障号码，是什么故障？如何检查？

4. 在苏州德奥电梯的控制系统中，若电梯停止运行，并且报 E44 故障号码，是什么故障？如何检查？

5. 在苏州德奥电梯的控制系统中，若电梯运行停止，并且报 E45 故障号码，是什么故障？如何检查？

参 考 文 献

［1］GB 07588—2003 电梯制造与安装安全规范

［2］GB/T 10058—2009 电梯技术条件

［3］GB/T 10059—2009 电梯试验方法

［4］GB/T 10060—2011 电梯验收规范

［5］李凤林．电工基础知识．北京：中国劳动社会保障出版社

［6］唐胜安．电路与电子学基础．北京：高等教育出版社

［7］宋银宾．电机拖动基础．北京：冶金工业出版社

［8］毛怀新．电梯与自动扶梯技术检验．北京：学苑出版社